可视化
大数据

主　编◎赵　林
副主编◎梁英杰　梁毅娟　李　倩
　　　　李美燕　庞继成　刘伟亮
参　编◎李光荣　王　伟

内容提要

本教材通过通俗易懂的语言、有趣的实例,首先介绍了 Hive 数据仓库的环境搭建、表的创建及操作、数据的加载以及数据的查询等,然后分析了 HBase 列式数据库的环境搭建、基本操作、Phoenix 组件中使用 SQL 语言操作 HBase 及使用 JavaApi 操作 Hive 和 HBase,最后还介绍了 ECharts 数据可视化组件、图表的使用及与之对应的项目实例等。本书可作为大数据开发课程的配套教材,也可作为相关岗位从业者的参考用书。

图书在版编目(CIP)数据

可视化大数据/赵林主编.—上海:上海交通大学出版社,2024.12
ISBN 978-7-313-29378-7

Ⅰ.①可… Ⅱ.①赵… Ⅲ.①可视化软件-数据处理 Ⅳ.①TP31

中国国家版本馆 CIP 数据核字(2023)第 169982 号

可视化大数据

KESHIHUA DA SHUJU

主　　编:赵　林	
出版发行:上海交通大学出版社	地　　址:上海市番禺路 951 号
邮政编码:200030	电　　话:021-56928178
印　　制:苏州市古得堡数码印刷有限公司	经　　销:全国新华书店
开　　本:787mm×1092mm　1/16	印　　张:16.75
字　　数:373 千字	
版　　次:2024 年 12 月第 1 版	印　　次:2024 年 12 月第 1 次印刷
书　　号:ISBN 978-7-313-29378-7	
定　　价:78.00 元	

版权所有　侵权必究
告读者:如发现本书有印装质量问题请与印刷厂质量科联系
联系电话:0512-65896959

前　言

　　随着云计算、物联网、人工智能技术的发展，5G 网络的搭建，大数据也迎来爆发式增长。可视化大数据分析，即先对海量的数据进行挖掘、处理，并从中提取有用信息，然后将数据处理后的信息进行简单明了的展示，辅助决策者进行正确的商业导向分析。那么如何进行可视化大数据分析呢？

　　大数据开发是一项综合性和实践性都非常强的技术，要求学习者能够掌握大数据存储、大数据计算及数据可视化所需要的框架、组件等实战应用知识。本书通过通俗易懂的语言、有趣的实例，首先详细地介绍了 Hive 数据仓库的环境搭建、表的创建及操作、数据的加载以及数据的查询等操作。其次分析了 HBase 列式数据库的环境搭建、基本操作、Phoenix 组件中使用 SQL 语言操作 HBase 以及使用 JavaApi 操作 Hive 及 HBase。最后介绍了 ECharts 数据可视化组件、图表的使用以及与之对应的项目实例等。

　　本书的读者通过这 5 个项目的学习，可掌握 Hive 数据仓库的环境搭建、Hive 数据仓库表的创建及操作、Hive 数据仓库中数据的加载及 Hive 数据仓库中数据的查询等操作；可掌握 HBase 列式数据库的环境搭建、HBase 数据库的操作及 Phoenix 组件中使用 SQL 语言操作 HBase；可掌握使用 JavaApi 操作 Hive 及 HBase；可掌握 ECharts 数据可视化组件的基本使用方法；可掌握如何将 ECharts 图表应用到 JavaEE 项目中及大屏可视化的效果展示等。通过项目实战应用，可快速掌握大数据的基础知识，最终掌握可视化大数据开发的基本技能。

　　本书通过项目讲解技术，内容通俗易懂，由浅入深，循序渐进地介绍移动应用程序开发的常用技术、相关经验和技巧等，是一本移动应用程序开发的入门图书。本书既可以作为普通高等院校大数据及相关专业课程的教材，也可以作为初学者和大数据可视化项目开发人员的参考书。

　　本书的立项、大纲编写、内容确定以及全部编写过程，都得到北京软通动力教育科技有限公司的相关专家和工作人员的大力支持和帮助，最后希望广大读者能在阅读本书的过程中有所收获，希望本书能成为读者成功道路上的一块铺路砖。

目　　录

项目 1　大数据技术概述 (001)

　　任务 1.1　大数据技术基础概述 (001)

　　任务 1.2　大数据案例项目介绍 (015)

　　任务 1.3　可视化大数据技术介绍 (017)

项目 2　基于 Hive 的数据统计分析 (021)

　　任务 2.1　Hive 数据仓库基础概念和安装部署 (022)

　　任务 2.2　Hive 数据仓库核心对象介绍 (032)

　　任务 2.3　Hive 数据仓库加载数据 (073)

　　任务 2.4　Hive 数据仓库对数据的查询和统计 (076)

项目 3　基于 HBase 的电力大数据案例 (083)

　　任务 3.1　HBase 的基础概念和安装部署 (084)

　　任务 3.2　HBase 的核心对象介绍和数据操作 (099)

　　任务 3.3　Phoenix 的安装和部署及对 HBase 的数据操作 (108)

　　任务 3.4　HBase 的加载电力大数据 (115)

　　任务 3.5　电力大数据的查询和统计 (119)

项目 4　使用 JavaWeb 实现大数据统计分析 (124)

　　任务 4.1　使用 Linux 脚本定时执行 Hive 的数据统计 (125)

　　任务 4.2　使用 JavaWeb 对 MySQL 进行数据查询和统计 (147)

　　任务 4.3　使用 JavaProject 对 HBase 的 Phoenix 进行 API 调用 (170)

　　任务 4.4　使用 SpringBoot 技术访问 HBase (184)

项目 5　使用 ECharts 实现电力系统大数据可视化······（199）
　　任务 5.1　认识 ECharts······（200）
　　任务 5.2　搭建开发环境······（205）
　　任务 5.3　电力大数据 ECharts 可视化图表······（212）
　　任务 5.4　大屏可视化在电力系统中的应用······（241）

参考文献······（259）

项目 1　大数据技术概述

场景导入

当今信息时代，大数据技术十分火爆，那么什么是大数据？大数据技术又有什么作用？对我们的日常生活产生了怎样的影响？本项目将介绍大数据的基本概念、主要特性、应用场景和价值，以及大数据技术发展的历史、现状和展望。

本项目为大数据可视化技术的入门章节，首先带领大家初步了解大数据的发展史、大数据核心生态技术以及大数据领域中常见的几种解决方案；其次讲解本书中使用的两个核心案例的基本架构和数据处理流程；最后介绍可视化在整个大数据生态中的地位和作用，了解大数据可视化相关技术的实现原理、大致流程以及常用工具。

本项目旨在帮助学生了解大数据生态技术、解决方案、技术原理等内容，培养学生利用互联网信息进行自主学习以及自主开发和创新的意识。

知识路径

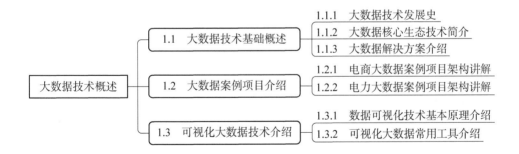

任务 1.1　大数据技术基础概述

大数据（Big Data），也称巨量资料，是指需要管理的资料数量规模巨大，已经无法通过主流的软件工具在合理时间内进行正确地传输、存储、处理和分析，使之成为支持用户管理信息和决策目标的数据集合。

当今社会高速发展，科技发达，海量信息互连，人们之间的交流越来越密切，生活也越来越方便,大数据就是这个高科技时代的产物。大数据通常是某些用户或者终端持续产生了大量的结构化和非结构化数据,由于数据体量巨大、类型繁多且往往持续增长,已经无法通过传统的关系型数据库来存储和分析这些数据。我们需要将这些海量的数据保存并提取有价值的信息。从用户的角度来说,如何使用计算机系统进行存储、检索和分析至关重要。但由于数据体量巨大,依靠传统手段,即使用昂贵的大型机也是无法应对的,需要使用全新的物理架构和软件架构才能满足海量数据的存储和处理。大数据技术通过大量的计算机组成集群,同时对集群中节点上的运行程序进行高效的协同,整个集群通过软件把用户的数据文件拆分为多个数据块,并同时在不同的节点上保存数据块的副本,以防止因硬件损坏而丢失。当执行运算时,由每个节点在本地运行并处理本地的数据,运行完成后再进行汇总。这样通过集群进行协同存储并协同运算,集群可以方便地扩展节点,从而满足用户不断增长的海量数据管理和分析需求。正因为海量的数据集分析和管理需要向数十、数百甚至数千的电脑分配工作,管理并协调这些集群进行高效的协同和计算,因此大数据技术也常和云计算技术一起协同支持用户的实际业务场景。大数据4V特征如图1-1所示。

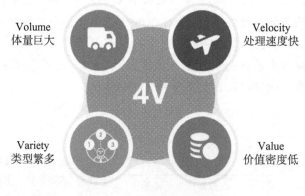

图1-1 大数据4V特征

1.1.1 大数据技术发展史

第一阶段:萌芽时期(20世纪90年代至21世纪初)

20世纪90年代,美国学者阿格拉沃尔(Agrawal)提出通过分析购物篮中的商品集合找出商品之间关联关系的关联算法,并根据商品之间的关系找出客户的购买行为。Agrawal从数学及计算机算法角度提出了商品关联关系的计算方法:Apriori算法。美国沃尔玛超市将Apriori算法引入POS机数据分析中,从海量的销售数据中得到一个结论:如果将啤酒与尿布摆放在相同的区域,那么这两种商品的销售额最高。类似这样的结论为商业运营提供了强大的决策支持。对企业来说,根据海量的经营数据挖掘出未来的销售预测显得极具价值。研究人员发现,数据越多,对未来的预测就越准确,但是数据量太大,传统的数据库已经不堪重负,单是海量数据的存储和检索就很困难,所以专业技术人员也在思考如何解决越来越多的数据存储、检索和挖掘的问题。在这个时期,大数据带来的一系列问题已经摆在了专业技术人员的面前。1997年,美国国家航空航天局武器研究中心的大卫·埃尔斯沃思和迈克尔·考克斯在研究数据可视化时首次正式使用了"大数据"的概念。在这一阶段,大数据只是作为一个概念或假设,少数学者对其进行了研究和讨论,但其意义仅限于数据量的巨大,对数据的收集、处理和存储还没有进一步的探索。

例如,在零售场景中需要分析商品的销售数据和库存信息,以便制订合理的采购计划。显然,商业智能离不开数据分析,它需要聚合多个业务系统(如交易系统、仓储系统)的数据,再进行大数据查询。而传统数据库都是面向单一业务的增删改查,无法满足此需求,因此出现了数据仓库的概念。数据仓库开始明确了数据分析的应用场景,并采用单独的解决方案去实现,不依赖业务数据库。

第二阶段:发展时期(21世纪初至2010年)

21世纪前十年,互联网行业迎来了一个快速发展的时期,PC互联网时代来临,同时带来了海量信息,具有数据规模变大、数据类型多样化两个典型的特征。2001年,美国高德纳(Gartner)公司率先开发了大型数据模型,同年,道格·伦尼(Doug Lenny)提出了大数据的3V特性。2004年,谷歌(Google)公司发布了3篇鼻祖型论文,包括分布式处理技术MapReduce、列式存储BigTable、分布式文件系统GFS。这3篇论文奠定了现代大数据技术的理论基础,但Google公司并没有开放这3个产品的源代码,仅仅发布了详细设计思想的论文。Hadoop框架创始人道格·长廷(Doug Cutting)最初为了实现Google的搜索能力,在Lucene框架的基础上进行优化查询和搜索引擎,对于海量的数据,Lucene面对着与Google同样的问题——如何存储海量数据,并对海量数据进行检索和计算。在Google公开了部分GFS和MapReduce的思想后,Doug Cutting等人用了两年时间使用Java语言实现了GFS和MapReduce运行机制,使Lucene的子项目Nutch性能大幅提升,Doug Cutting为这个新的框架取名为Hadoop。2005年,雅虎的负责人雷米·斯塔塔(Raymie Stata)邀请Doug Cutting加入雅虎公司并对公司搜索业务项目进行优化改造。加入雅虎后,Doug Cutting通过新的团队创建并完善了Hadoop项目,大大加速了Hadoop项目的发展。随后,雅虎将它的搜索业务架构迁移到了Hadoop中。同年,Hadoop正式被引入Apache软件基金会。2007年,雅虎启动了基于Hadoop的项目Webmap,一个用来计算网页间链接关系的算法。在把迁移项目移至Hadoop之后,成效立竿见影,在相同的硬件环境下,基于Hadoop的Webmap的反应速度是之前系统的33倍。Hadoop开始显露出强大的生命力,使用Hadoop作为存储和计算框架被业界重视,大量的技术人员开始关注如何使用Hadoop集群进行存储和处理数据,基于Hadoop建设的集群和相关生态技术不断涌现,标志着大数据时代正式来临。

第三阶段:数据创造经济价值时代(2010年以来)

随着大数据时代的来临以及Hadoop开源平台的兴起,涌现出各种功能更加完善的Hadoop商用平台,无论是开源还是商用的Hadoop生态系统都包含了多种相关的技术,例如ZooKeeper协作框架,基于HDFS的数据仓库Hive,基于HDFS的HBase等。在整个大数据生态链中各自协作起来并实现某个业务场景的解决方案,整个数据研发过程非常复杂,为了完成一个数据需求开发,涉及数据采集、数据传输、数据清洗、数据存储、数据处理、构建数据仓库、多维分析、数据可视化等一整套流程，这种高技术门槛显然也制约了大数据技术的普及，大数据平台（平台即服务的思想，PaaS）应运而生，它是面向研发场景的全链路解决方案，能够大大提高数据的研发效率，让数据像在流水线上一样快速完成加工，使原始数据变成指标，出现在各个报表或者数据产品中。

大数据平台逐渐普及，开始进入移动互联网时代，各种新技术不断涌现，催生了很多大数据的应用场景，与此同时也开始暴露出一些新问题。例如，为了快速实现业务需求，烟囱式开发模式导致了不同业务线的数据是完全割裂的，这样造成了大量数据指标的重复开发，不仅研发效率低，还浪费了存储和计算资源，使得大数据的应用成本越来越高。2016年左右，阿里巴巴提出了数据中台的概念，"One Data，One Service"的口号开始响彻大数据界。数据中台的核心思想是：避免数据的重复计算，通过数据服务化，提高数据的共享能力，赋能数据应用。随着时代和技术的发展，新一代的对象存储技术与HDFS分布式文件系统互为补充，满足更多不同的应用场景；第一代计算框架MapReduce基本退出了主流解决方案的舞台，Spark和Flink等计算框架不断涌现，满足了用户不断增长的业务需求。

国内自主IT架构蓬勃发展，基于鲲鹏架构的基础计算底座和存算分离的平台架构也在大数据领域中不断应用，大数据技术的社会价值和经济价值愈发体现，数据经济的价值时代正式来临。

> **知识拓展**
>
> **开源与免费**
>
> 开源并不等于免费，开源软件和免费软件是两个概念，只不过大多数的开源软件是免费软件。例如，Python就是一种既开源又免费的语言。用户使用Python进行开发或者发布自己的程序，不需要支付任何费用，也不用担心版权问题，即使作为商业用途，Python也是免费的。同样的道理，用户使用Hadoop的开源框架，无须支付费用；不过当用户需要更多的功能和更多的服务时，可以选用商用大数据平台，需要支付一定的费用。

1.1.2　大数据核心生态技术简介

大数据的核心生态系统比较复杂，整个生态有大量的工具集合，这些工具可以通过协同工作将海量的结构化和非结构化数据从采集、缓存、实时处理、存储、检索、分析、展现、集群监控和管理等涉及传统数据栈的每一个层次，这些工具在整个大数据生态中占据核心地位。Hadoop是基础框架，提供基础的存储和资源管控功能，为整个生态提供分布式文件系统，支撑在分布式文件系统上的其他具备不同能力的核心工具，使整个大数据处理系统协调稳定地运行。大数据核心生态随时间和技术的发展不断推陈出新，不同的生态工具应用在不同的应用场景，学习大数据技术，需要跟随技术的发展不断学习新工具与新技术，才能更好地为用户提供海量数据管理的各种解决方案。图1-2是常见的大数据核心生态框架。

图 1-2 大数据核心生态框架

1. 文件存储：Hadoop HDFS

Apache Hadoop 软件库是一个框架，通过使用简单的编程模型应用在计算机集群进行分布式存储和分布式计算，实现对大型数据集群进行分布式处理。Hadoop 软件库部署可以从单个服务器扩展到数千台计算机，每台计算机都提供本地计算和存储。Hadoop 具有高可用性特点，不依赖于硬件，而是通过集群的协同工作来进行分布式计算，从而实现高性能计算，同时程序运行时通过心跳机制进行检测和处理应用程序层的故障，当任何节点失效后，软件系统自动安排其他节点来顶替失效节点的工作，从而实现在计算机集群之上为用户提供高可用性服务。Hadoop 作为大规模并行执行框架，把超级计算机的能力带给大众，致力于加速企业级应用的执行；同时提供了多种功能，适用于解决大量数据问题，因此可以说 Hadoop 是基础框架。

Hadoop 集群主要包含 HDFS 集群和 YARN 集群。HDFS（Hadoop Distributed File System）集群负责海量数据的存储，是 Hadoop 软件库提供的分布式文件系统，包含 NameNode、DataNode、Secondary NameNode 等。YARN 集群负责海量数据运算时的资源调度，包含 ResourceManager、NodeManager 等。

Hadoop 能够对海量数据进行可靠、高效地处理，它主要有以下几方面特性。

（1）高效性：Hadoop 采用分布式存储和分布式处理两大核心技术，能够高效处理 TB 和 PB 级别的数据。

（2）可缩放性：即动态添加更多节点。

（3）高可靠性、高容错性：采用冗余数据存储方式，自动保存数据的多个副本，并且能够自动将失败的任务重新分配。例如，某个节点失效之后，因为有数据备份，还可以从其他节点里找到。

（4）存储数据类型多样：包括结构化、半结构化甚至非结构数据。

（5）处理数据类型复杂：可缩放的架构可以在很多节点间均衡工作负载。

（6）扩展起来更经济：Hadoop采用廉价的计算机集群，普通的用户也可以与PC机联机。且 Hadoop 软件本身是开源的，不受供应商的制约。

2. 离线计算：Hadoop MapReduce

MapReduce 是 Hadoop 的数据计算框架，通过 MapReduce 计算框架，用户的应用程序能够以分布式并行的计算方式来处理大量数据。MapReduce 可以在集群中并行运行多个应用程序，同样具有可靠性和容错性。MapReduce job 由很多 Map 任务和 Reduce 任务构成，每个任务都处理一部分数据，因此负载遍布于集群中的各个节点。Map 任务的功能是加载、解析、转换和过滤数据，每个 Reduce 任务负责处理的是 Map 任务输出结果的子集。Reduce 任务通过分组和聚合等手段处理 map 生成的中间数据。MapReduce 的输入文件存储在 HDFS 上，而输入文件如何被分割是由输入格式决定的。输入切片（Input split）只是从面向字节角度将输入文件切分成段，然后 map 任务会加载输入切片，并运行在这些切片所在的节点上，因此数据是直接在本地处理。

3. 资源调度框架：YARN

Apache Hadoop YARN（Yet Another Resource Negotiator，另一种资源协调者）是 Hadoop 中一个通用资源管理系统，可为上层应用提供统一的资源管理和调度，它的引入为集群在利用率、资源统一管理和数据共享等方面带来了巨大便利。

YARN 的基本原则是将资源管理和任务调度/监控功能分离成独立进程。在 YARN 中，有一个全局资源管理器（Resource Manager）和每个应用程序的 ApplicationMaster。一个应用程序会是一个单独的任务或者多个任务构成的有向无环图（DAG）。在 YARN 框架中，我们有 ResourceManager 和 NodeManager 两个进程。ResourceManager 为系统中发生竞争的应用程序间仲裁资源；NodeManager 的任务是监控容器对资源（例如 CPU、内存、磁盘、网络等）的占用情况，并且向 ResourceManager 进行汇报。ApplicationMaster 负责和 ResourceManager 协调资源，并且和 NodeManager 一起执行作业，监控作业。

要使用一个 YARN 集群，首先需要来自包含一个应用程序的客户的请求。ResourceManager 协商一个容器的必要资源，启动一个 ApplicationMaster 来表示已提交的应用程序。通过使用一个资源请求协议，ApplicationMaster 协商每个节点上供应用程序使用的资源容器。执行应用程序时，ApplicationMaster 监视资源容器直到完成。当应用程序完成时，ApplicationMaster 从 ResourceManager 注销其资源容器，执行周期就完成了。

4. 数据仓库：Hive

Hive 是 Apache 顶级项目，应 Facebook 海量数据管理和机器学习的需求而产生，Hive 是基于 Hadoop 的开源数据仓库的基础设施，提供一系列数据提取和转换的工具，可以对存储在 HDFS 的海量数据进行存储、查询和分析。

Hive 通过类似的 SQL 查询方法来分析存储在 Hadoop 分布式文件系统中的数据，在

Hive 搭建完成后，可以将存储在 HDFS 上的结构化的数据文件映射到一个数据库表中，提供完整的 SQL 查询功能，这套 SQL 简称为 Hive SQL。Hive 可以将 Hive SQL 语句转换为 MapReduce 任务来运行，最终以 MapReduce 的形式在 Hadoop 集群上运行，并展现结果。Hive 的出现，让不熟悉 MapReduce 的用户可以方便地使用 Hive SQL 语言查询、汇总、分析数据。同时，MapReduce 开发者可以使用自己的 Mapper 和 Reducer 作为插件，支持 Hive 做更复杂的数据分析。Hive SQL 与关系数据库的 SQL 略有不同，它支持 DDL、DML 和常见的聚合函数、连接查询和条件查询等大多数语句，还提供了一系列数据提取、转换和加载的工具，以存储、查询和分析存储在 Hadoop 中的大规模数据集。Hive SQL 还支持 UDF（自定义函数）、UDAF（自定义聚合函数）和 UDTF（自定义生成表函数），为数据操作提供良好的可扩展性和伸缩性。但是 Hive 不适合在线交易处理，也不提供实时查询功能，因此它最适合基于大量不可变数据的批处理作业。

Hive 特性包括可伸缩性（向 Hadoop 集群动态添加设备）、容错性、输入格式的松散耦合。

Hive 的应用场景是构建在 Hadoop 上的静态批处理，以 Hive 为核心存储的解决方案，被称为离线批处理解决方案。由于 MapReduce 在运算过程中，需要多次对中间结果写入磁盘和读取磁盘，计算所需的时间较多，在提交和调度作业时也需要大量的开销，因此，Hive 无法实现大规模数据集上的低延迟快速查询，例如在线事务处理（OLTP）。Hive 更适合用于具有大型数据集的批处理作业，例如 Web 日志分析。

5. 分布式数据库：HBase

HBase（Hadoop Database），是 Apache 的 Hadoop 项目的子项目，是一个高可靠性、高性能、面向列、可伸缩的分布式开源数据库系统。HBase 是 Google Bigtable 的开源实现，Bigtable 利用了 Google File System 所提供的分布式数据存储，Google 运行 MapReduce 来处理 Bigtable 中的海量数据，HBase 也可以利用 Hadoop MapReduce 来处理 HBase 中的海量数据，HBase 在 Hadoop 之上提供了类似 Bigtable 的能力。HBase 不同于一般的关系数据库，它是一个基于列的、适合于非结构化数据存储的数据库。Google Bigtable 利用 Chubby 作为协同服务，HBase 利用 ZooKeeper 作为对应。利用 HBase 技术可在廉价 PC Server 上搭建起大规模结构化存储集群。HBase 运行在 HDFS 之上，具备极强的容错能力，也适合存储稀疏数据。HBase 具有完全分布式的架构。它可以轻松处理超大规模的数据，对于结构化和半结构化数据类型，都可以借助 HBase 提供高安全性和易于管理的特性，实现前所未有的高写入吞吐量，用于高速读写的应用场景。HBase 在行级别上提供原子读取和写入，是指在一个读取或写入过程中，所有其他进程都无法执行任何读取或写入操作。为了减少 I/O 时间和开销，HBase 可在达到阈值时立即自动或手动将区域拆分为较小的子区域。HBase 集群的核心有一个主服务器，用于监视区域服务器以及集群的所有元数据。HBase 通过对集群的扩展以提升计算能力，所以 HBase 是线性可扩展的。

用户可以通过 Java API 对 HBase 进行编程访问，但是 HBase 的 API 不支持以 SQL 的形式进行访问，如果用户希望以类似传统数据库 API 访问的形式访问 HBase，那么需要在 HBase 的基础上搭建第三方组件,以便将用户发送的 SQL 转化为 HBase。例如,Hive 或者 Phoenix 部署在 HBase 上以后,用户程序就能在代码中嵌入 SQL 语句,以类似 JDBC 的形式访问 HBase。

6. 分布式应用程序协作框架:ZooKeeper

ZooKeeper 是一个针对大型分布式系统的可靠协调系统,在 Hadoop、HBase、Storm 等都有用到。它的目的是封装好复杂易出错的关键服务,提供给用户一个简单、可靠、高效且稳定的系统,并提供配置维护、分布式同步、名字服务等功能。ZooKeeper 主要是通过 lead 选举来维护 HA 或同步操作等。ZooKeeper 基于对 Paxos 算法的实现,使该框架保证了分布式环境中数据的强一致性,基于这样的特性,使得 ZooKeeper 可以解决很多分布式问题。管理和协调服务是一个复杂的过程,尤其是在分布式环境中,分布式应用程序同时在网络中的多个系统上运行,ZooKeeper 以其简单的架构和 API 解决了分布式应用程序的集群中有机协作的问题。ZooKeeper 还可以轻松支持大型 Hadoop 集群,集群中每台客户端计算机都与其中一台服务器进行通信,并密切关注整个集群的同步和协调。

ZooKeeper 基于数据发布/订阅工作模式。发布/订阅模式是一对多的关系,多个订阅者对象同时监听某一主题对象,这个主题对象在自身状态发生变化时会通知所有的订阅者对象,使它们能自动更新自己的状态。发布/订阅可以使得发布方和订阅方独立封装、独立改变。当一个对象的改变需要同时改变其他对象,而且不知道具体有多少对象需要改变时,可以使用发布/订阅模式。发布/订阅模式在分布式系统中的典型应用有配置管理和服务发现、注册。

配置管理是指如果集群中的机器拥有某些相同的配置,并且这些配置信息需要动态的改变,我们可以使用发布/订阅模式把配置进行统一集中管理,让这些机器各自订阅配置信息的改变,当配置发生改变时,这些机器就可以得到通知并更新为最新的配置。

服务发现、注册是指对集群中的服务上下线做统一管理。每个工作服务器都可以作为数据的发布方向集群注册自己的基本信息,并让某些监控服务器作为订阅方,订阅工作服务器的基本信息,当工作服务器的基本信息发生改变时,如上下线、服务器角色或服务范围变更,监控服务器可以得到通知并响应这些变化。

7. 大规模数据分析平台:Pig

Apache Pig 是 Apache 平台下的一个免费开源项目,提供用于分析大型数据集的平台,该平台提供类似 SQL 的语言 Pig Latin,语言的编译器会把类 SQL 的数据分析请求转换为一系列经过优化处理的 MapReduce 运算,用于处理非常大的数据集。Pig 为大型数据集的处理提供了更高层次的抽象,很多时候数据的处理需要多个 MapReduce 过程才能实现,使得数据处理过程与该模式匹配可能很困难,而有了 Pig 就能够使用更丰富的数据结构。Pig Latin 相对简单,一条语句就是一个操作,与数据库的表类似,可以在关系数据库中找到它(其中,元组代表行,并且每个元组都由字段组成)。Pig 拥有大量的数据类型,不仅支持包、元组和映射等高级概念,还支持简单的数据类型,例如 int、long、float、double、chararray 和 bytearray,并且还有一套完整的比较运算符,包括使用正则表达式的丰富匹配模式。Pig 允许用户专注于语义而不是效率,任务的编码方式允许系统自动优化其执行。

Pig 为复杂的海量数据并行计算提供了一个简单的操作和编程接口，程序员需要使用 Pig Latin 语言编写脚本，以使用 Apache Pig 分析数据。当由多个相互关联的数据转换组成的所有复杂任务都显式编码为数据流序列时，可使它们易于编写、理解和维护。用户可以创建自己的函数，进行特殊用途的处理。

Pig 的基础设施层由一个编译器组成，该编译器生成 MapReduce 程序序列，所有 Pig 脚本都由解析器处理。解析器检查脚本的语法，执行类型检查和其他杂项检查。之后，解析器的输出将是有向无环图（Directed Acyclic Graph，DAG），脚本的逻辑运算符在 DAG 中表示为节点，然后 DAG 将传递到逻辑优化器，优化器将执行的逻辑进行优化。下一步由编译器将优化的逻辑计划编译为一系列 MapReduce 作业，最后 MapReduce 作业按排序顺序提交给 Hadoop。这些 MapReduce 作业最终在 Hadoop 上执行，从而产生所需的结果。

8. 数据采集系统：Flume

Flume 最早是 Cloudera 提供的数据采集系统，是 Apache 下的一个孵化项目。Flume 用于收集、聚合和移动大量流数据从外部服务器到中央存储，例如 HDFS、HBase 等。Flume 的主要目的是将各种应用程序生成的流数据移动到 Hadoop 分布式文件系统。Flume 支持在数据采集系统中定制各类数据发送方，用于收集数据，同时 Flume 对数据进行简单处理，并写到各种数据接受方（可定制）的能力中。

Apache Flume 是一个健壮的分布式系统，容错且高度可用的服务，具有故障转移和恢复的可靠性机制。Flume 为大型源、通道和接收器集提供支持，用户可以实时和批量地从不同的服务器收集数据，将来自各种服务器的流数据引入集中式存储库中。当收集数据的速度超过写入数据时，也就是当收集信息遇到峰值时，收集的信息非常大，甚至超过了系统的写入数据能力，此时，Flume 会在数据生产者和数据收容器间做出调整，保证其能够在两者之间提供平稳的数据。同时 Flume 的管道是基于事务，保证了数据在传送和接收时的一致性。

Apache Flume 支持在数据采集系统中定制各类数据发送方，用于收集数据。Flume 具有对数据进行简单处理，并写到各种数据接受方（可定制）的能力。Flume 提供了从 console（控制台）、RPC（Thrift-RPC）、text（文件）、tail（UNIX tail）、syslog（syslog 日志系统，支持 TCP 和 UDP 等 2 种模式）、exec（命令执行）等数据源上收集数据的能力。Flume 读入数据和写出数据由不同的工作线程处理。在 Apache Flume 中，读入线程同样做写出工作（除了故障重试外）。如果写出慢的话（不是完全失败），它将阻塞 Flume 接收数据的能力。这种异步的设计使读入线程可以顺畅地工作而无须关注下游的任何问题。在实际应用时，可以通过多个 Flume 主机主动和被动地采集各种不同的数据，然后发送消息到缓冲区中，常见的如 Kafka 等消息队列系统，最后由流处理框架对 Kafka 集群读取数据并进行实时处理，这是当前主流解决方案的实时流处理的典型工作模式。

9. 消息队列处理：Kafka

Kafka 是 Apache 软件基金会下的一个开源流处理平台，由 Scala 和 Java 编写，是一种高吞吐量的分布式发布订阅消息系统，它可以处理用户在系统中产生的所有动作流数据，这些数据通常需要进行高吞吐量的传输和数据聚合，Kafka非常适合在大规模数据系统组件之间进行通信和集成。Kafka在大数据系统中主要的作用之一是流量的削峰，当某个时间点同时涌来大量数据时，如果没有合适的缓冲层，可能会造成数据接收层的负载过大而崩溃，或者因满负载造成数据丢失，此时如果通过Kafka集群承担数据缓冲，则可以在瞬间接受大量数据，然后以无丢失的方式发送到下一级数据处理系统，从而使数据被持续且正确地处理。除此之外，Kafka还可以成为数据处理层之间的解耦，使系统架构之间无须强耦合，让系统更容易扩展、升级。由于Kafka在数据发送和数据处理层之间起到无丢失的缓冲和隔离作用，使得发送方和处理方无须进行同步，系统可以实现异步处理。

Kafka具备高吞吐量、低延迟的特性，每秒可以处理几十万条消息，而延迟最低只有几毫秒；Kafka集群支持热扩展，集群在运行中可以增加和减少节点，无须停机处理；Kafka接受的消息被持久化到本地磁盘，并且支持数据备份防止数据丢失；Kafka允许集群中节点故障，若副本数量为n，则允许$(n-1)$个节点故障；Kafka具有高并发能力，支持数千个客户端同时读写，即使是非常普通的硬件Kafka也可以支持每秒数百万的消息。

Kafka使用场景如下：

（1）日志收集：从服务器中收集物理日志文件，通过Kafka以统一接口服务的方式开放给各种consumer。

（2）消息系统：解耦生产者和消费者、缓存消息等。

（3）网站活动跟踪：Kafka原本是用来记录Web用户或者App用户的各种活动，如浏览网页、搜索、点击或其他用户的操作信息等活动，这些活动信息可以被实时监控分析，也可以保存到Hadoop或离线处理数据库中。

（4）运营指标：Kafka也经常用来记录监测数据，分布式应用程序生成的统计数据集中聚合。

（5）实时流处理：例如Spark Streaming和Storm。

10．内存计算框架：Spark

Spark是一种快速、通用、可扩展的大数据分析引擎。目前，Spark生态系统已经发展成为一个包含多个子项目的集合，其中包含SparkSQL、Spark Streaming、GraphX、MLlib等子项目。Spark是基于内存计算的大数据并行计算框架。Spark基于内存计算，提高了在大数据环境下数据处理的实时性，同时保证了高容错性和高可伸缩性，允许用户将Spark部署在大量廉价硬件之上，形成集群。Spark是基于内存的批处理计算引擎，与Hadoop MapReduce最大的不同在于Spark计算过程的中间结果以内存读写的方式进行，而MapReduce在处理过程中存在多次写入磁盘和读取磁盘的操作，这使得Spark的性能远超MapReduce。Spark及其组件已经形成了一个大数据生态，Spark基于这个引擎提供了很多的高级应用模块用于满足不同场景中的业务需求。Spark Core为Spark的核心和基础，提供基本的批处理功能，其他的每个组件专注于不同的处理任务。

（1）Spark Core：Spark Core 包含 Spark 的基本功能，如内存计算、任务调度、部署模式、故障恢复、存储管理等。Spark 建立在统一的抽象 RDD 之上，使其可以以基本一致的方式应对不同的大数据处理场景。

（2）Spark SQL：Spark SQL 允许开发人员通过程序代码直接处理 RDD，同时也可查询 Hive、HBase 等外部数据源。Spark SQL 的一个重要特点是能够统一处理关系表和 RDD，使得开发人员可以轻松地使用 SQL 命令进行查询，并进行更复杂的数据分析。

（3）Spark Streaming：Spark Streaming 支持高吞吐量、可容错处理的实时流数据处理，其核心思路是将流式计算分解成一系列短小的批处理作业，所以业界常称其为微批处理。Spark Streaming 支持多种数据输入源，如 Kafka、Flume 和 TCP 套接字等。

（4）机器学习（MLlib）：MLlib 提供了常用机器学习算法，包括聚类、分类、回归、协同过滤等，降低了机器学习的门槛，开发人员只要具备一定的理论知识就能开展机器学习的工作。

（5）图计算（GraphX）：GraphX 是 Spark 中用于图计算的 API，是 Pregel 在 Spark 上的重写及优化，GraphX 性能良好，拥有丰富的功能和运算符，能在海量数据上自如地运行复杂的图算法。

Spark 与 Hadoop 相比具有包括且不限于以下几个优势。

（1）减少磁盘 I/O。Hadoop 的 mapper 和 reducer 处理过程每次处理都要涉及读写磁盘，mapper 端的中间结果也要排序并写入磁盘，reducer 从磁盘中进行读取，此时在整个处理过程中磁盘 I/O 就成了处理瓶颈；Spark 允许将 Map 端的中间结果放入内存，Reduce 直接从内存中拉取数据，避免了大量的磁盘 I/O。

（2）提高并行度。MapReduce 的并行度是进程级别，Spark 是线程级别；MapReduce 需要进行磁盘的 mapper 写入和 reducer 读取，属于串行执行；Spark 把各个执行阶段抽象为 Stage，允许多个 Stage 串行执行或并行执行。

（3）避免重复计算。Spark 中通过 DAG 串起数据处理的各个 Stage 阶段，如果某个阶段发生故障或者数据丢失，可以利用血缘机制来回溯某个 RDD，从而减少数据的重新计算，提高效率。

综上，我们看到 Spark 对 Hadoop MapReduce 存在的问题都进行了优化，从而提升了数据处理的效率。根据 Spark 官方提供的性能对比数据，Spark 性能比 Hadoop 高出 120 倍。

11. 新一代流批处理框架：Flink

Apache Flink 是一个框架和分布式处理引擎，用于对无界和有界数据流进行有状态计算。Flink 被设计在所有常见的集群环境中运行，以内存执行速度和任意规模来执行计算。

Flink 起源于一个名为 Stratosphere 的研究项目，其目的是建立下一代大数据分析平台，于 2014 年 4 月 16 日成为 Apache 孵化器项目。

Apache Flink 是一个面向数据流处理和批量数据处理的可分布式的开源计算框架，它基于同一个 Flink 流式执行模型，能够支持流处理和批处理两种应用类型。由于流处和批处理所提供的 SLA（服务等级协议）是完全不相同的，流处理一般需要支持低延迟、Exactly-once 保证，而批处理需要支持高吞吐、高效处理，所以在实现的时候通常是分别给出两套实现方案，或者通过一个独立的开源框架来实现其中每一种处理方案。比较典型的如下，实现批处理的开源方案有 MapReduce、Spark，实现流处理的开源方案有 Storm，Spark 的 Streaming 本质上也是微批处理。Apache Flink 擅长处理无界和有界数据集，精确的时间控制和状态化使得 Flink 运行时（runtime）能够运行处理任何无界流的应用。有界流则由一些专为固定大小数据集特殊设计的算法和数据结构进行内部处理，呈现了出色的性能。

Flink 在实现流处理和批处理时，与传统的一些方案完全不同，它从另一个视角看待流处理和批处理，将二者统一起来；Flink 是完全支持流处理的，也就是说作为流处理看待时，输入数据流是无界的；批处理作为一种特殊的流处理，只是它的输入数据流被定义为有界的。任何类型的数据都可以形成一种事件流。信用卡交易、传感器测量、机器日志、网站或移动应用程序上的用户交互记录，所有这些数据都形成一种流。数据可以作为无界流或者有界流来处理。

Apache Flink 最大的优势就是为用户提供了更强大的计算能力和更易用的编程接口。总结起来有以下几个特点，如图 1-3 所示。

批流统一

Runtime 和 SQL 层批流统一，提供高吞吐低延迟的计算能力和更强大的 SQL 支持

生态兼容

与 Hadoop Yarn/Apache Mesos/Kubernetes 集成，并且支持单机模式运行

性能卓越

性能卓越的批处理与流处理支持

规模计算

作业可被分解成上千个任务，分布在集群中并发执行

图 1-3　Flink 特点

知识拓展

Spark 和 Flink 都具有流处理和批处理能力，但是它们的做法是相反的。Spark Streaming 是把流转化成一个个小的批来处理，这种方案的一个问题是我们需要的延迟越低，额外开销占的比例就会越大，这导致了 Spark Streaming 很难做到秒级甚至亚秒级的延迟。Flink 是把批当作一种有限的流，这种做法的一个特点是在流和批共享大部分代码的同时还能够保留批处理特有的一系列的优化。同时，Flink 相比于 Spark 而言还有诸多明显优势：支持高效容错的状态管理，保证在任何时间都能计算出正确的结果；同时支持高吞吐、低延迟、高性能的分布式流式数据处理框架；支持事件时间（Event Time）概念，事件即使无序到达甚至延迟到达，数据流都能够计算出精确的结果；轻量级分布式快照（Snapshot）实现的容错，能将计算过程分布到单台并行节点上进行处理。

1.1.3 大数据解决方案介绍

1. 离线批处理解决方案

进入大数据时代，企业产生的数据出现爆发式增长，部分数据需要实现离线存储分析，而传统的数据处理方案满足不了海量数据存储和处理需求。结合大数据离线技术，如何提出行之有效的解决方案以及如何去实施应用，成为企业面临的难题。离线处理平台主要用来进行数据处理和加工，将原始数据加工成明细数据；将离线分析和碰撞分析产生的分析结果数据，供上层应用调用。将海量的数据作为数据源存储起来，进行离线批处理，随后将处理后的结果作为各个业务部门的数据库数据。该平台主要应用在安平领域、金融领域等。

离线批处理，是指对海量历史数据进行处理和分析，生成结果数据，供下一步数据应用使用的过程。离线批处理对数据处理的时延要求不高，但处理的数据量较大，占用的计算存储资源较多，通常通过 MapReduce 作业、Spark 作业或者 HQL 作业实现。

1）离线批处理的特点

（1）处理时效低：对处理时间要求不高，能够接受分钟到小时级别的延迟。

（2）处理的数据格式多样：不同的数据类型都可以处理，如格式化数据、非格式化数据。

（3）作业调度繁多复杂：通常都是在集群中操作，面对复杂的作业调度，通常交给 YARN 去管理。

（4）占用存储资源多：因为数据收集到 HDFS 上，会占用较多的存储资源。

（5）作业形式多样：可以通过 SQL 命令作业；或是通过 API 编写代码，打包提交运行。

（6）离线批处理常用组件包括 Hive、MapReduce、Spark SQL、Spark、YARN、HDFS 等，我们已在大数据核心生态技术部分介绍，在此不再赘述。

2）知识小结

（1）批处理优先推荐 Spark/Spark SQL，有存量应用时可以使用 MapReduce/Hive，两种批处理模式可以同时使用。

（2）业务应用：查询并使用批处理结果的业务应用，由 ISV 开发。

（3）因为 MapReduce 是 Hive 底层执行引擎，后面会介绍 Hive，不介绍 MapReduce。

（4）重点放在 Hive、Spark SQL、HDFS 上。

2. 实时流处理解决方案

由于信息浏览、搜索、电子商务、互联网产品等将生活中的数据流通环节在线化，而信息的交互和沟通正在从点对点向信息链甚至信息网的方向发展，在这样的背景下，企业想要尽快获取数据的价值，因而对数据的实时处理有了更高的要求。实时流处理是指完成数据生成、采集、缓存存储、计算、落地、展示、分析一系列数据处理流程的速度在秒级甚至毫秒级。通过大数据处理获取数据的价值，但是数据的价值不是恒定的，一些数据在业务发生后不久具有很高的价值，不过这种价值会随着时间的推移而迅速减少，所以数据的处理速度变得尤为重要，实时流处理的关键意义在于能够更快地提供数据洞察。

1) 实时流处理的特点

(1) 处理速度高效：端到端处理达到秒级。如风控项目要求单条数据处理时间达到秒级，单节点 TPS 大于 2 000。

(2) 吞吐量高：因为需要在短时间内接收并处理大量数据记录，吞吐量达到每节点数十兆每秒。

(3) 高可靠性：当有故障发生时，可以保证数据不丢失，数据处理不遗漏、不重复。

(4) 横向扩展：当系统处理能力出现瓶颈后，可通过节点的横向扩展提升处理性能。

(5) 支持丰富的数据源：如网络流、文件、数据库表、IoT 等格式的数据源。

(6) 数据权限控制和资源隔离：不同的作业和不同用户可以访问、处理不同的消息和数据。为了防止资源争抢，会在多种流处理应用之间进行资源控制和隔离。

(7) 第三方工具对接：支持与第三方规则引擎、决策系统、实时推荐系统等对接。实时流处理除了 Flume、Kafka、Flink 等组件之外，还包括以下常用组件：

① 数据源：主要包含业务数据库以及 Socket 数据流和实时文件等。

② 实时数据采集：用于实时采集数据源产生的数据，并将其写入分布式消息系统，采集的数据格式包括文件、数据库、网络数据流等。

③ 第三方采集工具：第三方的专用实时数据采集工具，包括 GoldenGate（数据库实时采集）、自开发采集程序（定制化采集工具）等。

④ 消息中间件：消息中间件可对实时数据进行缓存，支持高吞吐量的消息订阅和发布。

⑤ Structured Streaming：基于 Spark 的流处理引擎，支持秒以内的流处理分析。

2) 注意

(1) 流计算引擎，优先推荐 Flink。

(2) 数据缓存是可选的，缓存流处理分析的结果满足了流处理应用的访问需求。例如，可以选用 Redis 进行流处理结果数据的高速缓存。

3. 实时检索解决方案

由于各行业积累的数据量急剧增加，用户对搜索延时的要求变得更高，需要从大量且繁杂的数据中快速获取想要的数据。例如，金融行业查询个人征信、交易记录等信息，公安部门查询人员信息、社交关系等。实时检索解决方案就是根据关键词对系统内的一些信息进行快速搜索，实现即搜即得的效果，强调的是实时低延迟。

1) 实时检索方案的特点

(1) 检索性能要求高：检索需要在秒级响应，不进行复杂查询和统计计算类查询。

(2) 高并发查询：通常有大于 100 个的并发查询。

(3) 数据量巨大：PB 级数据量，集群规模在 1 000 节点以上。对图数据库的场景，点个数在 10 亿以上，边个数在 100 亿以上。

(4) 支持结构化和非结构化数据查询：例如对图片等小文件进行检索。

(5) 数据加载要求高：需要高效地进行数据加载，每小时可以加载 TB 级数据。

2) 实时检索方案的常用组件

(1) 数据源：数据源的种类包括文件数据（Txt、CSV 等）和流式数据（Socket 流、OGG

日志流)等。

(2)数据采集：文件数据通过批量加载(Flume 或者其他第三方加载工具 MapReduce)写入数据；流式数据通过实时加载(Spark Streaming 或者其他第三方采集工具，如 Storm、Flink)写入数据。图数据可以使用华为 GraphBase 的工具导入数据。

(3)实时检索引擎：用于实现高性能的实时检索，例如 HBase、ElasticSearch、GraphBase 等。

3)注意

实时检索引擎(ElasticSearch+HBase 组合)：适合快速检索，也就是根据指定条件查询结果，不适用于统计和复杂查询，业务应用中使用 ElasticSearch 和 HBase API、Rest 接口等开发的实时检索应用，由 ISV 开发。ISV 可以使用图数据库的 RESTful 接口和 Gremlin 接口查询关系数据。

1.1.4 任务回顾

(1)大数据是指需要管理的资料数量规模巨大，产生了大量的结构化和非结构化数据，随着 IT 架构的不断发展，大数据技术的社会价值和经济价值愈发体现，数据经济的价值时代正式来临。

(2)HDFS 是 Hadoop 软件库提供的文件系统，称之为分布式文件系统，MapReduce 是 Hadoop 的数据计算框架，YARN 是一个通用资源管理系统，可为上层应用提供统一的资源管理和调度，Hive 是基于 Hadoop 对存储在 HDFS 的海量数据可以存储、查询和分析的数据仓库，HBase 是一个高可靠性、高性能、面向列、可伸缩的分布式开源数据库系统。

(3)大数据解决方案有离线批处理、实时流处理、实时检索。

任务1.2　大数据案例项目介绍

1.2.1 电商大数据案例项目架构讲解

大数据就是通过大数据技术对数据进行采集、存储、治理、加工和应用的过程。通过大数据可以挖掘数据价值。例如在电商领域，我们可以通过大数据掌握用户的各种喜好、购买力及大众需求的方向，从而及时调整销售模式和销售方向。随着互联网的高速发展，大数据已经渗透到我们生活的各个角落，如网购、团购等。对于那些没有确定销售某些商品的人来说，大数据的作用就在于给他们提供思路，分析哪些商品质量高，哪些商品目前热销，等等。使用 Hive 数据仓库对数据进行统计分析，Hive 的常见的操作流程如下：

(1)数据准备，由于 Hive 的数据仓库性质，一般不生产数据，其数据一般从外界引入。

(2)Hive 常见的建库建表操作，为了将数据导入数据仓库，需要在 Hive 中创建数据库，以及对应的表。

(3)将准备的文本数据通过批量处理的方式加载到表，为接下来的统计分析做准备。

（4）有了这些基础数据后，就可以借助 Hive 强大的分析能力来对数据进行多维度、多层次的统计分析，在此基础上，还可以对数据进行挖掘、展示等高级应用。

1.2.2 电力大数据案例项目架构讲解

电网是高效快捷的能源输送通道和优化配置平台，是能源电力可持续发展的关键环节，在现代能源供应体系中发挥着重要的枢纽作用，关系着国家能源安全。各个居民区、工业区的用电数据体现了经济发展水平和能源建设水平。用电数据独具特色，具有体量大、类型多、变化快等特征，全社会的用电数据可为国家宏观经济决策提供支持。通过对电力数据的采集、存储、统计分析和数据可视化分析，可辅助电网企业洞察出数据价值，实现用户与数据的交互，方便用户控制数据，将大规模、高纬度的数据以可视化的形式完美地展现出来。通过对电力大数据进行可视化分析，可以对各类业务进行前瞻性预测分析，并为电网企业各层次用户提供统一的决策分析支持，提升数据共享与流转能力。

本项目通过智能电表定时将各类用户的用电量数据通过物联网技术采集过来，将采集到的数据存储到大数据集群中，在大数据集群上部署 HBase 分布式数据库作为核心存储库，并在 HBase 的基础上部署用于将用户的 SQL 请求转化为查询命令的 Phoenix 组件，在 HBase 分布式数据库中存储大量用户电表的编号、电表用电量、所在的区域、所属用户等信息。通过 HBase 持续接收和存储各个用电采集端采集到的电力消耗数据。在本项目的数据可视化模块中，使用 Spring Boot 框架创建 Web 应用，通过访问 Phoenix 的 API 对 HBase 中各个时间段的数据进行统计和分析，得到统计结果，并最终通过 Web 前端对各种图表进行可视化展现。用户只需要通过浏览器即可获得所需要的各种数据表格和计图。

可视化部分通过 Web 前端的 CSS 进行合理布局，使用 JavaScript 脚本语言整合数据可视化库 ECharts，实现对电力数据的可视化展现。ECharts 提供了用于常见统计的折线图、柱状图、散点图、饼图、K 线图，用于地理数据可视化的地图、热力图、线图，以及用于关系数据可视化的关系图、旭日图，多维数据可视化的平行坐标等，还有用于 BI 的漏斗图、仪表盘，并且支持图与图之间的混搭。最终可以得到非常具有冲击力的大屏展示效果。将若干个图表添加到大屏中，本项目的采集、存储、统计和可视化的过程如图 1-4 所示。

1.2.3 任务回顾

（1）从外界引入数据，在 Hive 中创建数据库以及对应的表，将准备的文本数据通过批量处理的方式加载到表，借助 Hive 对数据进行多维度、多层次的统计分析。

（2）电网大数据独具特色，具有体量大、类型多、变化速度快等特征，ECharts 可视化库，可以对各类业务进行前瞻性预测分析，并为电网企业各层次用户提供统一的决策分析支持，提升数据共享与流转能力。

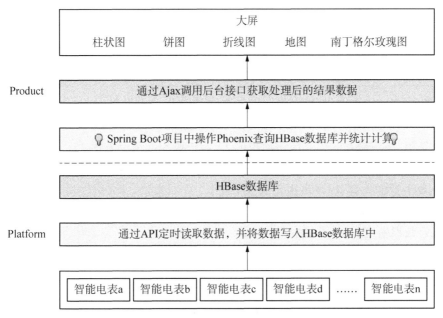

图1-4 电力大数据案例项目执行流程

任务1.3　可视化大数据技术介绍

1.3.1　数据可视化技术基本原理介绍

1. 数据可视化介绍

在日常生活和工作中,我们会接触到形形色色的数据,然而一连串的数据无法为用户提供直观简洁的统计和分析,因此,将枯燥无味的数字转化为简洁直观的图形或表格等,以更直观的方式展现数据,这种表达方式就是数据可视化。通过可视化的方式,我们将看不懂的数据通过图形化的手段进行有效的表达,准确高效、简洁全面地传递某种信息,甚至帮助我们发现某种规律和特征,挖掘数据背后的价值。

2. 数据可视化流程中的核心要素

(1) 数据表示和变换:对用户的原始数据如何进行展现并进行适当的分析和转换,提供给用户所需的结果。

(2) 数据的可视化呈现:数据可视化过程中需要考虑用户所需的展现形式,如直方图、饼图等,以合适的可视化方式提供给用户。

(3) 用户交互:在数据可视化展现后,用户可以通过适当的方式进一步挖掘展示结果。例如,一个公司不同的经营层级、不同身份的人想要获取的展示信息自然也是不同的,所以设置一些交互,让用户自己参与选择需要的信息。

3. 数据可视化的设计标准

（1）要有很强的表达能力：能够真实全面地反映数据的内容。

（2）有效性强：有效的可视化是可以在短时间内把数据信息以用户容易理解的方式显示出来。

（3）能简洁地传达信息：能在有限的画面里表达更多的数据，而且不容易让用户产生误解。

（4）易用：用户交互的方式应该简单明了，用户操作起来更方便。

（5）有美感：从构图、布局、色彩搭配上提升美感，视觉上的美感可以让用户更易于理解可视化要表达的内容，提高可视化的效率。

4. 数据可视化基本原则

（1）对数据筛选有价值的部分。

（2）从数据到可视化如何进行直观映射。

（3）选择合适的可视化视图与交互设计。

（4）可视化展现用户期望的结论。

从数据到可视化元素映射时，设计者不仅要明确数据语义，还要了解用户的个性特征。数据到可视化的映射还要求设计者使用正确的视觉通道去编码数据信息。对于类别型数据属性，务必使用分类型视觉通道；对于有序型数据属性，也需要使用定序的视觉通道进行编码。

优秀的可视化展示，首先使用人们认可并熟悉的视图设计方式。简单的数据可以使用基本的可视化视图，复杂的数据需要使用或开发新的较为复杂的可视化视图。此外，好的可视化系统还应该提供一系列的交互手段，使用户可以按照自己想要的展示方式修改视图展示结果。视图的交互包括视图的滚动与缩放、颜色映射的控制（提供调色盘让用户控制）、数据映射方式的控制（让用户可以用不同的数据映射方式来展示同一数据）、数据缩放工具（用户可以选择最终可视化的数据内容）、细节控制（用户可以隐藏或突出数据的细节部分），其作用和通过语言传递信息并无太大差别，只是传递方式不同而已。

5. 数据可视化的步骤

1）连接/导入数据

使用数据可视化分析工具做数据分析时，需要从用户的各个数据源获得数据，然后生成图表，再进行一系列的分析操作。可视化工具可以直接与用户的各种类型的数据源进行连接，也可以通过程序或者手工的方式对数据集进行连接和处理，数据展示完成后，应允许用户以图形或其他的形式导出并保存。

2）数据处理

当数据源连接完成后，一般要对数据进行加工，例如，进行数据清洗和一些数据指标的计算，然后对数据进行过滤、分组汇总、排序、合并等操作。商业化的工具软件一般会通过用户以自助的方式对数据集进行数据加工，每一步的操作都会被记录，用户通过简单的操作即可完成可视化。但如果用户需要更加复杂和个性化的数据展现，一般需要通过编写程序代码获取所需的数据，根据业务的实际情况对数据进行清洗、过滤、分组、汇总等操作,最终通过专业的可视化图表工具进行整合开发,这种方式显然更加符合用户的实际业务需求,通过编写代码也能实现更加复杂的数据统计并展现可视化结果。

3) 数据可视化

经过前面的数据处理,根据用户的需要,应该在报告上展示哪些指标、要体现哪些数据,这个时候就需要选择合适的图表来展现数据。一些商业数据可视化工具可以直接通过拖拽来生成用户所需图表;如果通过编程,则需要加载图表所需的辅助配置文件,然后根据图表的 API 接口将所需数据通过程序加载,用户即可得到所需数据的可视化展现。

1.3.2 可视化大数据常用工具介绍

1. 入门级工具 Excel

Excel 是我们非常熟悉的一款办公软件,Excel 表格是我们最常见、最简单,也可以说是入门级别的可视化工具。它直观的界面、出色的计算功能和图表工具,再加上成功的市场营销,使 Microsoft Office 的 Excel 目前已经成为最流行的个人计算机数据处理软件,是所适用的操作平台上的电子制表软件的霸主,同时 Excel 可提供丰富的图表功能,用户可以通过鼠标拖拽的方式创建美观的可视化图表,不过它只适合数据量较小的图表。

2. 在线可视化工具

常用的在线可视化工具包括 D3、ECharts、Tableau、Datawrapper 等。

D3(Data-Driven Documents),又称数据驱动文档,是一个强调网页标准的用来创建数据可视化的 JavaScript 库,是一款开源软件。D3 使用 HTML、SVG 和 CSS,可以让使用者以数据驱动的方式去操作 DOM,其将数据在网页端映射出来,并表现为我们需要的图形,同时它能够满足现在浏览器的兼容性并且不受专用框架的限制。但是 D3 没有固定的数据图形模板供参考,不能像操纵 Excel 一样来实现制图功能,复用性不佳。

Apache ECharts 是一个基于 JavaScript 的开源可视化图表库,里面有各种样式的图表,可根据用户的需求来制作想要的图表效果,可以流畅地运行在 PC 端和移动设备上,兼容当前绝大部分浏览器,如 IE9/10/11、Google Chrome、Firefox、Safari 等。底层依赖矢量图形库 ZRender,提供直观、交互丰富、可高度个性化定制的数据可视化图表。

Tableau 是很流行的可视化工具,在全球的知名度较高,是桌面系统中最简单的商业智能软件,更加偏向于商业分析。它支持各种图表、图形、地图和其他图形的制作与展示。用它制作的图表可以很容易地嵌入任何网页中。Tableau 有一个画廊功能,显示通过 Tableau 创建的可视化效果。

Datawrapper 是一个用于制作交互式图表的在线数据可视化工具。Datawrapper 专注于满足没有编程基础的写作者的需求,帮助他们制作图表或地图。一旦从 CSV 文件上传数据或直接将其粘贴到字段中,Datawrapper 将生成一个条线或任何其他相关的可视化文件。许多记者和新闻机构使用 Datawrapper 将实时图表嵌入文章中。这是非常易于操作和生产的有效工具。

3. 类 GUI 可视化工具

类 GUI 可视化工具包括 PolyMaps、Processing 等。

PolyMaps 是用于映射的专用 JavaScript 库。输出的是各种样式的动态、响应式地图，从图像叠加图到符号图再到密度图。它使用 SVG 创建图像，因此，设计人员可以使用 CSS 设计地图的视觉效果。

Processing 是数据可视化的招牌工具，只需要编写一些简单的代码，然后编译成 Java 语言。目前还有一个 Processing.js 项目，可以让网站在没有 Java Applets 的情况下更简单地使用 Processing。由于端口支持 Objective-C，也可以在 iOS 上使用 Processing。虽然 Processing 是一个桌面应用，但也几乎可以在所有平台上运行。此外，经过数年发展，Processing 社区目前已经拥有大量实例和代码。

1.3.3 任务回顾

（1）可视化可以把我们看不懂的数据通过图形化的手段进行有效的表达，准确高效、简洁全面地传递某种信息，甚至帮助我们发现某种规律和特征，挖掘数据背后的价值。

（2）数据可视化要注意数据表示和变换，数据的可视化呈现和用户交互，还应遵守可视化设计标准。

（3）可视化的步骤分为导入数据、数据处理、数据可视化。

（4）可视化工具有入门级工具（Excel）、在线可视化工具（D3、ECharts、Tableau、Datawrapper）、类 GUI 可视化工具（PolyMaps、Processing）。

综合练习

1. 单选题：关于 Kafka 的解释正确的是（　　）。
   A. 消息队列　　　　　　　　　B. 处理数据采集系统
   C. 内存计算框架　　　　　　　D. 流批处理框架
2. 多选题：下面（　　）不是大数据核心生态技术。
   A. Hadoop　　　B. Hive　　　C. ECharts　　　D. JavaWeb
3. 判断题：Hive 是基于 Hadoop 的开源数据仓库基础设施，对存储在 HDFS 的海量数据可以存储、查询和分析。（　　）
4. 简答题：什么是数据可视化？

项目 2　基于 Hive 的数据统计分析

场景导入

伴随着大数据的发展,相关的大数据技术也层出不穷,在与存储有关的技术中,Hive 是一款基于 Hadoop 框架的数据仓库工具,面向数据分析场景,它可以将复杂的 MapReduce 计算换成类 SQL 的查询,极大地简化了工作,已经在一些侧重数据分析的公司获得广泛使用。

本项目主要带大家认识 Hive,了解它的概念、主要特点、安装部署等,理解其核心对象组成,以及如何使用其自带的 HQL 进行常见的数据操作,最后结合案例讲解 Hive 数据的实际应用。

通过学生对 Hive 知识点的学习,培养学生在科学研究与技术应用过程中不断学习和适应发展的能力。

知识路径

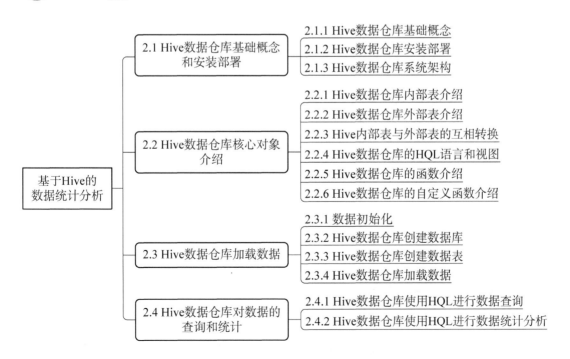

任务 2.1　Hive 数据仓库基础概念和安装部署

2.1.1　Hive 数据仓库基础概念

Hive 是由 FaceBook 研发并开源的，基于 Hadoop 平台的数据仓库工具，提供类 SQL（简称 HiveQL 或 HQL）查询语言，降低了数据仓库应用程序的开发与使用难度。它可以查询存储在 Hadoop 分布式文件系统（HDFS）或其他与 Hadoop 集成的系统或数据库（如 HBase）中的数据。它具有海量数据存储、横向可扩展、离线批量处理的优点，解决了传统关系型数据仓库不能支持海量数据存储、横向可扩展性差等问题。Hive 数据存储和数据处理依赖于 HDFS 和 MapReduce。

Hive 本身不是一个完整的数据库，Hadoop 及 HDFS 的设计本身局限了 Hive 所能胜任的工作，例如，默认情况下不支持记录级的更新和删除操作，所以 Hive 也不支持事务操作，它更接近于一个 OLAP（联机分析）工具。因为 Hadoop 本身是一个面向批处理的系统，而 MapReduce 任务的启动耗时长，Hive 的查询延时比较严重，即使数据集较小，往往也比关系型数据库耗费更长时间。Hive 本身是被设计用于处理大数据集的，在海量数据场景下，启动耗时与实际数据处理时间相比就显得微乎其微了，所以 Hive 一般不用于数据实时查询分析的需求，Hive 最适合于离线批处理的数据仓库应用场景，进行相关的静态数据分析，不需要快速响应给出数据结果，而且数据本身也不会频繁发生变化。

2.1.2　Hive 数据仓库安装部署

由于 Hive 依赖 HDFS 进行数据存储，所以在部署 Hive 前要确保 Hadoop 已部署并且正常启动。Hive 一般只需要部署一个节点，如果 Hadoop 是集群部署的，则 Hive 部署在主节点，也就是 Hadoop 的 NameNode 所在的节点，也可以部署在独立的服务器。下面以 node1 为例说明其部署的步骤。

部署环境可以是虚拟机，也可以是物理机器，本任务以虚拟机 node1 为例。操作系统版本为 Centos 7.6，JDK 版本为 1.8，Hive 需要 Hadoop 支持，安装 Hive 前确保 Hadoop 已正常启动，建议 Hadoop 版本为 2.8.3，本任务中使用的 Hive 版本为 2.3.9。

1. 登录虚拟机环境并新建目录

登录虚拟机环境，新建两个目录/opt/software、/opt/module 分别用于存放软件包和作为软件安装路径。

[root@node1 ~]# mkdir /opt/software /opt/module

2. 准备软件包并解压

将准备好的软件包上传到/opt/software 目录下，并解压到目录/opt/module。

```
[root@node1 ~]# cd /opt/software
[root@node1 software]# tar -zxvf apache-hive-2.3.9-bin.tar.gz -C /opt/module/
```

3. 修改文件包名

```
[root@node1 software]# cd /opt/module
[root@node1 module]# mv apache-hive-2.3.9-bin/ hive-2.3.9
```

4. 配置 Hive 的环境变量

```
[root@node1 module]# vim /etc/profile
#HIVE_HOME
export HIVE_HOME=/opt/module/hive-2.3.9
export PATH=${HIVE_HOME}/bin:$PATH
```

保存,并使配置生效。

```
[root@node1 module]# source /etc/profile
```

5. 配置 Hive-env.sh

进入 Hive 配置文件目录,先根据模板生成一个配置文件 hive-env.sh。

```
[root@node1 module]# cd /opt/module/hive-2.3.9/conf/
[root@node1 conf]# cp hive-env.sh.template hive-env.sh
```

然后再配置 HADOOP_HOME 和 HIVE_CONF_DIR 到对应的目录。

```
[root@node1 conf]# vim hive-env.sh
export HADOOP_HOME=/opt/module/hadoop-2.8.3
export HIVE_CONF_DIR=/opt/module/hive-2.3.9/conf
```

6. 安装元数据库

Hive 高版本启动时,需要配置元数据库,如果采用其他数据库,请根据实际情况替换对应步骤,这里采用 MySQL 5.7 作为元数据库。

```
[root@node1 ~]# cd /opt/software
[root@node1 software]# wget http://repo.mysql.com/yum/mysql-5.7-community/el/7/x86_64/mysql57-community-release-el7-10.noarch.rpm
```

使用上面的命令就直接下载安装用的 yum Repository,然后就可以直接 yum 安装了。

[root@node1 software]# yum -y install mysql57-community-release-el7-10.noarch.rpm

如果后续安装步骤报密钥失败,则修改文件。

[root@node1 software]# vim /etc/yum.repos.d/mysql-community.repo

修改对应安装版本(例如这里为5.7)的 gpgcheck=0 即可,默认值为1。
之后就开始安装 MySQL 服务器,可以增加 nogpgcheck 选项跳过公钥检查。

[root@node1 software]# yum -y install mysql-community-server

查看 MySQL 运行状态。

[root@node1 software]# service status mysqld

启动 MySQL。

[root@node1 software]# systemctl start mysqld

查看 root 随机密码。
MySQL5.7 会在安装后为 root 用户生成一个随机密码,而不是像以往版本的空密码。可以安全模式修改 root 登录密码或者用随机密码登录修改密码。下面用随机密码登录的方式修改密码,MySQL 为 root 用户生成的随机密码通过 mysqld.log 文件可以查找到。

[root@node1 software]# cat /var/log/mysqld.log|grep password

注意:过于简单的密码可能会被拒绝,修改 root 登录密码。

[root@node1 software]# mysql -u root -p
   mysql> Enter password:(输入刚才查询到的随机密码)
   mysql> ALTER USER 'root'@'localhost' IDENTIFIED BY 'Root@123';
   mysql> exit;

设置 root 可以远程登录。

[root@node1 software]# mysql -u root -p
   mysql>GRANT ALL PRIVILEGES ON *.* TO 'root'@'%' IDENTIFIED BY 'Root@123' WITH GRANT OPTION;
   mysql>FLUSH PRIVILEGES;
   mysql>exit;

开启防火墙 MySQL 3306 端口的外部访问。

[root@node1 software]# firewall-cmd --zone=public --add-port=3306/tcp --permanent
[root@node1 software]# firewall-cmd --reload

设置 MySQL 的相关参数，修改/etc/my.cnf 并保存。

[root@node1 software]# vim /etc/my.cnf

设置忽略大小写，在[mysqld]节点下，加入：

lower_case_table_names=1

配置默认编码为 utf8，在[mysqld]节点下，加入：

character_set_server=utf8
init_connect='SET NAMES utf8'

重启 MySQL 服务。

[root@node1 software]# systemctl restart mysqld

新建 Hive 元数据库。

[root@node1 software]# mysql -u root -p
mysql> create database metastore default character set utf8;
mysql> exit;

7. 配置连接元数据库的驱动

[root@node1 software]# cd /opt/software
[root@node1 software]# wget https://downloads.mysql.com/archives/get/p/3/file/mysql-connector-java-5.1.49.tar.gz
[root@node1 software]# tar -zxvf mysql-connector-java-5.1.49.tar.gz

将解压出来的 MySQL 驱动复制到 Hive 的 lib 目录下：

[root@node1 software]# cd /opt/software/mysql-connector-java-5.1.49/
[root@node1 software]# cp mysql-connector-java-5.1.49-bin.jar /opt/module/hive-2.3.9/lib/

8. 配置元数据库 MetaStore(连接到 MySQL)

首先在 $HIVE_HOME/conf 目录下新建 hive-site.xml 文件：

```
[root@node1 software]# cd $HIVE_HOME/conf
[root@node1 software]# vim hive-site.xml
```

然后在配置文件中添加如下内容(注意标粗体的部分要替换)：

```
<?xml version="1.0"?>
<?xml-stylesheet type="text/xsl" href="configuration.xsl"?>
<configuration>
<!--元数据库的 jdbc 连接信息-->
<property>
<name>javax.jdo.option.ConnectionURL</name>
<value>jdbc:mysql://node1:3306/metastore?useSSL=false&createDatabaseIfNotExist=true</value>
</property>
<property>
<name>javax.jdo.option.ConnectionDriverName</name>
<value>com.mysql.jdbc.Driver</value>
</property>
<!--连接元数据库的用户和密码-->
<property>
<name>javax.jdo.option.ConnectionUserName</name>
<value>root</value>
</property>
<property>
<name>javax.jdo.option.ConnectionPassword</name>
<value>Root@123</value>
</property>
<property>
<name>hive.metastore.schema.verification</name>
<value>false</value>
</property>
<property>
<name>hive.metastore.event.db.notification.api.auth</name>
<value>false</value>
</property>
```

```xml
<property>
<name>hive.metastore.warehouse.dir</name>
<value>/user/hive/warehouse</value>
</property>
<!--hiveserver2服务的连接信息-->
<property>
<name>hive.server2.thrift.bind.host</name>
<value>node1</value>
</property>
<property>
<name>hive.server2.thrift.port</name>
<value>10000</value>
</property>
<!--指定是否本地模式执行任务,在数据量较小时可提高性能-->
<property>
<name>hive.exec.mode.local.auto</name>
<value>true</value>
</property>
</configuration>
```

9. 初始化 Hive 元数据库

初始化 Hive 元数据库,如图 2-1 所示。

注意:只需要初始化一次。

```
[root@node1 ~]# schematool -initSchema -dbType mysql -verbose
```

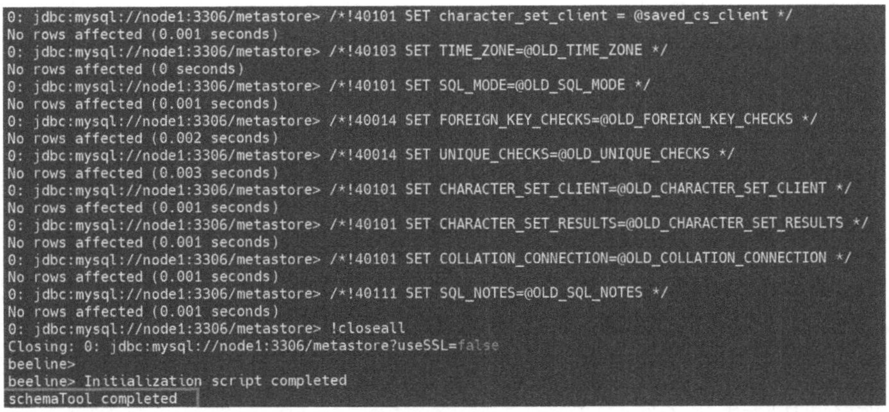

图 2-1 初始化 Hive 元数据库

10. 启动 Hive

首先保证 Hadoop 正常启动。

```
[root@node1 ~]# start-dfs.sh
[root@node1 ~]# start-yarn.sh
```

然后在 HDFS 上创建/tmp 和/user/hive/warehouse 两个目录并修改它们的同组权限可写(可选,一般能自动生成)。

```
[root@node1 ~]# hadoop fs -mkdir /tmp
[root@node1 ~]# hadoop fs -mkdir -p /user/hive/warehouse
[root@node1 ~]# hadoop fs -chmod g+w /tmp
[root@node1 ~]# hadoop fs -chmod g+w /user/hive/warehouse
```

确保元数据库 MySQL 已正常启动,已启动则跳过。

```
[root@node1 software]# systemctl start mysqld
```

Hadoop 启动成功后,再启动 Hive。

```
[root@node1 ~]# hive
```

11. 使用 Hive

```
hive> show databases;
hive> show tables;
hive> create table test (id int);
hive> insert into test values(1);
hive> select * from test;
```

12. 启动 HiveServer2

HiveServer2:可以接受多个客户端的并发访问,默认端口是 10000。最早提供该功能的是 HiveServer,因为缺乏并发支持和认证机制,所以在 Hive 1.0.0 版本中被移除,引入了 HS2。HS2 可以支持多客户端并发和身份认证,旨在为开放 API 客户端(如 JDBC 和 ODBC)提供更好的支持。

```
[root@node1 ~]# hive --service hiveserver2
```

启动成功后,可通过以下方式访问 Hive 管理页面:http://node1 的 IP:10002/hiveserver2.jsp 如图 2-2 所示。

图 2-2 Hive 管理页面

13. 启动 Beeline 客户端

Beeline：配合 HiveServer2 的客户端，更加安全并且不会直接暴露 HDFS 和 MetaStore。

[root@node1 ~]# beeline
beeline> !connect jdbc:hive2://192.168.112.10:10000

也可以这样访问：

[root@node1 ~]# beeline -u jdbc:hive2://192.168.112.10:10000

如果出现如图 2-3 所示的错误，主要原因是：Hadoop 引入了一个安全伪装机制，使得 Hadoop 不允许上层系统直接将实际用户传递到 Hadoop 层，而是将实际用户传递给一个超级代理，由此代理在 Hadoop 上执行操作，避免任意客户端随意操作 Hadoop。

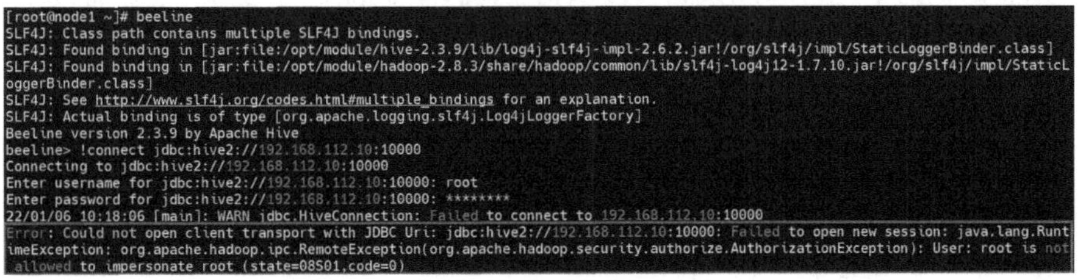

图 2-3 报错页面

需要修改 Hadoop 的配置文件 core-site.xml。

[root@node1 ~]# cd $HADOOP_HOME/etc/hadoop
[root@node1 ~]# vim core-site.xml
    <!--表示设置 hadoop 的代理用户-->
        <property>

```
            <!--表示代理用户的组所属-->
            <name>hadoop.proxyuser.root.groups</name>
            <value>*</value>
        </property>
        <!--表示任意节点使用 hadoop 集群的代理用户 hadoop 都能访问 hdfs 集
群-->
        <property>
            <name>hadoop.proxyuser.root.hosts</name>
            <value>*</value>
        </property>
```

保存后重新启动相关服务,如图 2-4 所示,可以看到连接成功。

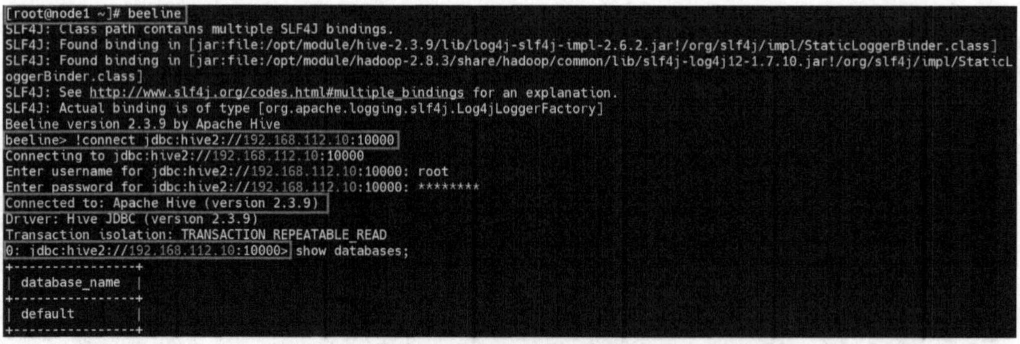

图 2-4 Beeline 连接成功页面

Beeline 和其他工具有一些不同,执行查询都是正常的 SQL 输入,但是如果是一些管理的命令,例如,进行连接、中断、退出,执行 Beeline 命令需要带上"!",不需要终止符。常用命令如下:

(1) !connect url——连接不同的 Hive Server2 服务器;

(2) !exit——退出 Shell;

(3) !help——显示全部命令列表;

(4) !verbose——显示查询追加的明细。

其中,Beeline 常见的参数解释如下:

-d <driver class>——使用一个驱动类:beeline -d driver_class;

-e <query>——使用一个查询语句:beeline -e "query_string";

-f <file>——加载一个文件:beeline -f filepath,多个文件用-e file1 -e file2;

-n <username>——加载一个用户名:beeline -n valid_user;

-p <password>——加载一个密码:beeline -p valid_password;

-u <database URL>——加载一个 JDBC 连接字符串:beeline -u db_URL。

2.1.3　Hive 数据仓库系统架构

Hive 的体系结构如图 2-5 所示，其显示了 Hive 的主要模块以及 Hive 是如何与 Hadoop 交互的。

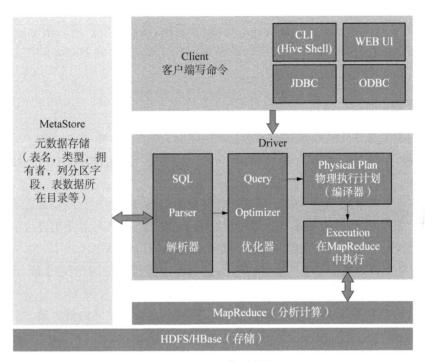

图 2-5　Hive 体系结构

1．用户接口：Client

有多种方式可以方便用户与 Hive 进行交互，CLI（Hive Shell）、JDBC/ODBC（Java 访问 Hive）、WEBUI（浏览器访问 Hive）。

2．元数据存储：MetaStore

MetaStore（元数据存储）是一个独立的关系型数据库，默认存储在自带的 derby 数据库中，推荐使用 MySQL 存储。

元数据包括表名、表所属的数据库（默认是 default）、表的拥有者、列/分区字段、表的类型（是否内部、外部表）、表的数据所在目录等。

3．Hadoop

使用 HDFS 进行存储；默认使用 MapReduce 作为计算引擎，可以使用 Spark、Tez 等进行替换。

4．驱动器：Driver

所有的命令和查询都会进入 Hive 的 Driver 驱动模块，通过该模块对输入进行解析、编译，对需求的计算进行优化，最后按指定的步骤（通常是启动多个 MapReduce 任务）执行。

（1）解析器（SQL Parser）：将 SQL 字符串转换成抽象语法树，然后进行语法分析，例如，表是否存在、字段是否存在、SQL 语义是否有误。

(2) 编译器(Physical Plan)：将 AST 编译生成逻辑执行计划。

(3) 优化器(Query Optimizer)：对逻辑执行计划进行优化。

(4) 执行器(Execution)：将逻辑执行计划转换成可以运行的物理计划，对于 Hive 默认配置来说，就是 MapReduce。

Hive 的本质就是封装了一系列 MapReduce 模板，接收到客户端的指令后，结合元数据存储(MetaStore)信息，将这些指令翻译成 MapReduce，提交到 Hadoop 中执行，最后将执行返回的结果输出到用户交互接口。

2.1.4 任务回顾

(1) Hive 是基于 Hadoop 平台的数据仓库工具，提供类 SQL 查询功能。它具有海量数据存储、横向可扩展、离线批量处理的优点；但由于默认计算引擎是 MapReduce，实时计算效率不高，主要用于离线批处理的场景。

(2) Hive 安装前要确保 Hadoop 已部署并正常启动，Hive 运行时需要保存数据文件与数据库对象(如表的映射关系)，所以需要配置元数据库，虽然可以使用自带的 Derby 数据库，但在分布式场景中，一般建议配置独立的元数据库，如 MySQL。

(3) 启动后可以使用原生的 Hive 服务，但目前业界较流行的是使用 HiveServer2 服务，与之对应的客户端是 Beeline，建议安装时进行配置。

(4) Hive 的体系结构主要由四部分组成，其核心驱动部分又由解析器、编译器、优化器、执行器组成。

任务2.2　Hive 数据仓库核心对象介绍

2.2.1　Hive 数据仓库内部表介绍

在 Hive 中，表有两大分类，分别为内部表(也称管理表)和外部表，在创建时通过是否指定 EXTERNAL 关键字进行区分，指定了 EXTERNAL 关键字的则为外部表，常用的创建表的语法如下：

```
CREATE [TEMPORARY] [EXTERNAL] TABLE [IF NOT EXISTS] [db_name.]table_name
    [(col_name data_type [column_constraint_specification] [COMMENT col_comment], ... [constraint_specification])]
    [COMMENT table_comment]
    [ROW FORMAT row_format]
```

```
[STORED AS file_format]
[LOCATION hdfs_path]
[TBLPROPERTIES (property_name=property_value,...)]
```

1. 相关参数说明

(1) CREATE TABLE：创建一个指定名字的表。如果相同名字的表已经存在，则抛出异常；用户可以用 IF NOT EXISTS 选项来忽略这个异常。

(2) EXTERNAL：关键字可以让用户创建一个外部表，在建表的同时指定一个指向实际数据的路径（LOCATION）。

(3) COMMENT：为表和列添加注释。

(4) ROW FORMAT：指定行的格式，例如分隔符等。

(5) STORED AS：指定存储文件类型。

常用的存储文件类型：SEQUENCEFILE（二进制序列文件）、TEXTFILE（文本）、RCFILE（列式存储格式文件）。

如果文件数据是纯文本，可以使用 STORED AS TEXTFILE。如果数据需要压缩，使用 STORED AS SEQUENCEFILE。

(6) LOCATION：指定表在 HDFS 上的存储位置。

(7) TBLPROPERTIES：与表有关的相关属性信息。

默认创建的表都是内部表，Hive 管理着内部表的生命周期。如果创建表时未显式指定存储路径 LOCATION，默认情况下 Hive 会将这些表存储在由配置项 hive.metastore.warehouse.dir 所定义的目录下，每个表存储为一个子目录；当我们删除一个内部表时，Hive 会删除这个表中数据，此外，还会同步删除描述表定义相关的信息，即元数据，这些元数据信息存储在 MetaStore 数据库中。

2. 以下示例创建一张内部表

1) 创建内部表

```
create table if not exists student(
    id int,name string
)
row format delimited fields terminated by '\t'
stored as textfile
location '/user/hive/warehouse/student';
```

2) 插入两条数据

```
insert into student values(1,'zhangsan');
insert into student values(2,'lisi');
```

3) 查询表的类型

可以通过 desc formatted table 语法查看表的信息,包括类型,如图 2-6 所示。

```
hive> desc formatted student;
```

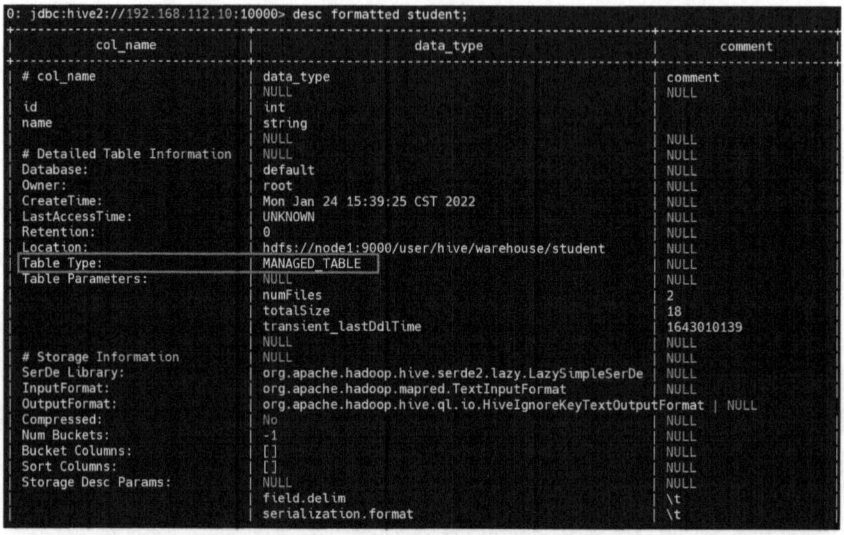

图 2-6 表结构详细信息

可以看到 Table Type 为 MANAGED_TABLE,即内部表。

4) 查看表的数据存储

由于建表时未显式指定数据的存储路径 LOCATION,故在默认目录/user/hive/warehouse 中,我们找到了 student 表所对应的目录,如图 2-7 所示,里面是插入数据产生的数据文件。

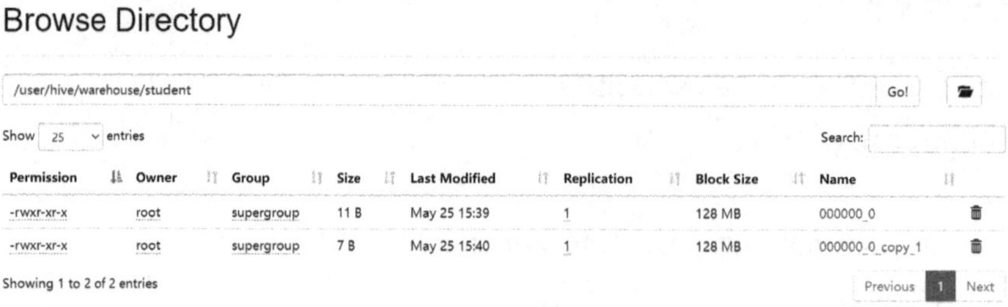

图 2-7 student 表所对应的目录

5) 删除表

执行删除表的命令后,再次进入/user/hive/warehouse 目录,会发现 student 表所对应的目录已被删除。

```
hive> drop table student;
```

2.2.2 Hive 数据仓库外部表介绍

建表时加 EXTERNAL 关键字可以让用户创建一个外部表，一般在建表的同时指定一个指向实际数据的路径（LOCATION）。若创建外部表，仅记录数据所在的路径，不对数据的位置做任何改变；而如果是内部表，则会将数据移动到数据仓库指向的路径。Hive 并不认为外部表完全拥有数据本身，删除外部表只会删除元数据，并不会删除表中的数据。

以下是创建外部表的示例。

1）准备数据

在操作系统上创建一个目录/opt/module/data，并在该目录创建两个数据文件。

```
[root@node1 ~]# mkdir -p /opt/module/data
[root@node1 ~]# vim /opt/module/data/dept.txt
10ACCOUNTING1700
20RESEARCH1800
30SALES1900
40OPERATIONS1700
[root@node1 ~]# vim /opt/module/data/emp.txt
7369SMITHCLERK79021980-12-17800.0020
7499ALLENSALESMAN76981981-2-201600.00300.0030
7521WARDSALESMAN76981981-2-221250.00500.0030
7566JONESMANAGER78391981-4-22975.0020
7654MARTINSALESMAN76981981-9-281250.001400.0030
7698BLAKEMANAGER78391981-5-12850.0030
7782CLARKMANAGER78391981-6-92450.0010
7788SCOTTANALYST75661987-4-193000.0020
7839KINGPRESIDENT1981-11-175000.0010
7844TURNERSALESMAN76981981-9-81500.000.0030
7876ADAMSCLERK77881987-5-231100.0020
7900JAMESCLERK76981981-12-3950.0030
7902FORDANALYST75661981-12-33000.0020
7934MILLERCLERK77821982-1-231300.0010
```

2）创建外部表语句

使用 EXTERNAL 关键字，创建部门表 dept 和员工表 emp，注意，这里指定了 LOCATION 关键字。

```
hive> create external table if not exists default.dept(
```

```
        deptno int,
        dname string,
        loc int
        )
        row format delimited fields terminated by '\t'
        location '/user/external/';
hive> create external table if not exists default.emp(
        empno int,
        ename string,
        job string,
        mgr int,
        hiredate string,
        sal double,
        comm double,
        deptno int)
        row format delimited fields terminated by '\t';
```

3）向外部表中导入数据

导入数据。

```
hive> load data local inpath '/opt/module/data/dept.txt' into table default.dept;
hive> load data local inpath '/opt/module/data/emp.txt' into table default.emp;
```

4）查看数据存储

在创建这张外部表时，指定了存储路径 LOCATION，所以到 HDFS 对应的目录/user/external，可以看到外部表的数据文件如图 2-8 所示，这里以 dept 表为例。

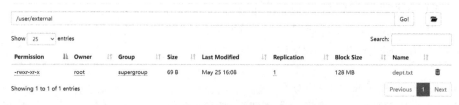

图 2-8　外部表的数据文件

5）查看表数据

查看表数据，如图 2-9 所示。

```
hive> select * from default.dept;
```

```
0: jdbc:hive2://192.168.112.10:10000> load data local inpath '/opt/module/data/dept.txt' into table default.dept;
No rows affected (1.173 seconds)
0: jdbc:hive2://192.168.112.10:10000> select * from default.dept;
+--------------+---------------+-----------+
| dept.deptno  |  dept.dname   | dept.loc  |
+--------------+---------------+-----------+
| 10           | ACCOUNTING    | 1700      |
| 20           | RESEARCH      | 1800      |
| 30           | SALES         | 1900      |
| 40           | OPERATIONS    | 1700      |
+--------------+---------------+-----------+
4 rows selected (0.376 seconds)
```

图 2-9 表 数 据

可以看到,数据已成功导入。

6) 查询表的类型

也可以通过 desc formatted table 语法查看表的信息,包括类型,如图 2-10 所示。

```
hive> desc formatted default.dept;
```

```
0: jdbc:hive2://192.168.112.10:10000> desc formatted default.dept;
+-------------------------------+----------------------------------------------------+-----------------------+
|           col_name            |                     data_type                      |        comment        |
+-------------------------------+----------------------------------------------------+-----------------------+
| # col_name                    | data_type                                          | comment               |
|                               | NULL                                               | NULL                  |
| deptno                        | int                                                |                       |
| dname                         | string                                             |                       |
| loc                           | int                                                |                       |
|                               | NULL                                               | NULL                  |
| # Detailed Table Information  | NULL                                               | NULL                  |
| Database:                     | default                                            | NULL                  |
| Owner:                        | root                                               | NULL                  |
| CreateTime:                   | Wed May 25 17:05:04 CST 2022                       | NULL                  |
| LastAccessTime:               | UNKNOWN                                            | NULL                  |
| Retention:                    | 0                                                  | NULL                  |
| Location:                     | hdfs://node1:9000/user/external                    | NULL                  |
| Table Type:                   | EXTERNAL_TABLE                                     | NULL                  |
| Table Parameters:             | NULL                                               | NULL                  |
|                               | EXTERNAL                                           | TRUE                  |
|                               | numFiles                                           | 1                     |
|                               | totalSize                                          | 69                    |
|                               | transient_lastDdlTime                              | 1653469665            |
|                               | NULL                                               | NULL                  |
| # Storage Information         | NULL                                               | NULL                  |
| SerDe Library:                | org.apache.hadoop.hive.serde2.lazy.LazySimpleSerDe | NULL                  |
| InputFormat:                  | org.apache.hadoop.mapred.TextInputFormat           | NULL                  |
| OutputFormat:                 | org.apache.hadoop.hive.ql.io.HiveIgnoreKeyTextOutputFormat | NULL          |
| Compressed:                   | No                                                 | NULL                  |
| Num Buckets:                  | -1                                                 | NULL                  |
| Bucket Columns:               | []                                                 | NULL                  |
| Sort Columns:                 | []                                                 | NULL                  |
| Storage Desc Params:          | NULL                                               | NULL                  |
```

图 2-10 default.dept 表信息

可以看到 Table Type 为 EXTERNAL_TABLE,即外部表。

7) 删除表

执行删除表的命令后,再次进入 LOCATION 对应的/user/externel 目录,会发现该表所对应的目录和文件没有变化,如图 2-11 所示,但表已经被删除,如图 2-12 所示。说明删除外部表时并不会删除数据,只会删除元数据。

```
hive> drop table default.dept;
```

图 2-11 表对应的目录和文件

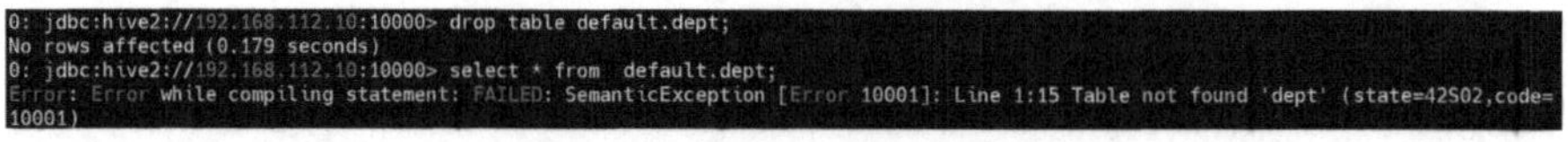

图 2-12 删除 default.dept 表

2.2.3 Hive 内部表与外部表的互相转换

Hive 的表除了在创建时可以通过指定 EXTERNAL 确定其类型外,在表创建好后,还可以通过修改表的 tblproperties 属性在内部表和外部表之间进行转换。

以下是转换示例。

(1) 创建内部表如下:

```
create table if not exists student2(
    id int,name string
)
row format delimited fields terminated by '\t'
stored as textfile
location '/user/hive/warehouse/student2';
```

(2) 查询表的类型,如图 2-13 所示。

```
hive> desc formatted student2;
```

可以看到此时 student2 为 MANAGED_TABLE,即内部表。

(3) 修改内部表 student2 为外部表,如图 2-14 所示。

```
hive> alter table student2 set tblproperties('EXTERNAL'='TRUE');
hive> desc formatted student2;
```

可以看到,student2 的类型已经由内部表修改为外部表。

(4) 再修改外部表 student2 为内部表,如图 2-15 所示。

```
hive> alter table student2 set tblproperties('EXTERNAL'='FALSE');
hive> desc formatted student2;
```

```
0: jdbc:hive2://192.168.112.10:10000> desc formatted student2;
+-------------------------------+----------------------------------------------------+------------------+
|           col_name            |                     data_type                      |     comment      |
+-------------------------------+----------------------------------------------------+------------------+
| # col_name                    | data_type                                          | comment          |
|                               | NULL                                               | NULL             |
| id                            | int                                                |                  |
| name                          | string                                             |                  |
|                               | NULL                                               | NULL             |
| # Detailed Table Information  | NULL                                               | NULL             |
| Database:                     | default                                            | NULL             |
| Owner:                        | root                                               | NULL             |
| CreateTime:                   | Wed May 25 17:32:39 CST 2022                       | NULL             |
| LastAccessTime:               | UNKNOWN                                            | NULL             |
| Retention:                    | 0                                                  | NULL             |
| Location:                     | hdfs://node1:9000/user/hive/warehouse/student2     | NULL             |
| Table Type:                   | MANAGED_TABLE                                      | NULL             |
| Table Parameters:             | NULL                                               | NULL             |
|                               | transient_lastDdlTime                              | 1653471159       |
|                               | NULL                                               | NULL             |
| # Storage Information         | NULL                                               | NULL             |
| SerDe Library:                | org.apache.hadoop.hive.serde2.lazy.LazySimpleSerDe | NULL             |
| InputFormat:                  | org.apache.hadoop.mapred.TextInputFormat           | NULL             |
| OutputFormat:                 | org.apache.hadoop.hive.ql.io.HiveIgnoreKeyTextOutputFormat | NULL     |
| Compressed:                   | No                                                 | NULL             |
| Num Buckets:                  | -1                                                 | NULL             |
| Bucket Columns:               | []                                                 | NULL             |
| Sort Columns:                 | []                                                 | NULL             |
| Storage Desc Params:          | NULL                                               | NULL             |
|                               | field.delim                                        | \t               |
|                               | serialization.format                               | \t               |
+-------------------------------+----------------------------------------------------+------------------+
```

图 2－13　表结构详细信息

```
0: jdbc:hive2://192.168.112.10:10000> desc formatted student2;
+-------------------------------+----------------------------------------------------+-----------------------------+
|           col_name            |                     data_type                      |           comment           |
+-------------------------------+----------------------------------------------------+-----------------------------+
| # col_name                    | data_type                                          | comment                     |
|                               | NULL                                               | NULL                        |
| id                            | int                                                |                             |
| name                          | string                                             |                             |
|                               | NULL                                               | NULL                        |
| # Detailed Table Information  | NULL                                               | NULL                        |
| Database:                     | default                                            | NULL                        |
| Owner:                        | root                                               | NULL                        |
| CreateTime:                   | Mon Jan 24 15:47:52 CST 2022                       | NULL                        |
| LastAccessTime:               | UNKNOWN                                            | NULL                        |
| Retention:                    | 0                                                  | NULL                        |
| Location:                     | hdfs://node1:9000/user/hive/warehouse/student2     | NULL                        |
| Table Type:                   | EXTERNAL_TABLE                                     | NULL                        |
| Table Parameters:             | NULL                                               | NULL                        |
|                               | COLUMN_STATS_ACCURATE                              | {\"BASIC_STATS\":\"true\"}  |
|                               | EXTERNAL                                           | TRUE                        |
|                               | last_modified_by                                   | root                        |
|                               | last_modified_time                                 | 1643013061                  |
|                               | numFiles                                           | 1                           |
|                               | numRows                                            | 2                           |
|                               | rawDataSize                                        | 16                          |
|                               | totalSize                                          | 18                          |
|                               | transient_lastDdlTime                              | 1643013061                  |
|                               | NULL                                               | NULL                        |
| # Storage Information         | NULL                                               | NULL                        |
| SerDe Library:                | org.apache.hadoop.hive.serde2.lazy.LazySimpleSerDe | NULL                        |
| InputFormat:                  | org.apache.hadoop.mapred.TextInputFormat           | NULL                        |
| OutputFormat:                 | org.apache.hadoop.hive.ql.io.HiveIgnoreKeyTextOutputFormat | NULL                |
| Compressed:                   | No                                                 | NULL                        |
```

图 2－14　表结构详细信息

可以看到，student2 的类型又变回内部表了。

注意：设置属性 tblproperties 时，('EXTERNAL'='TRUE') 和 ('EXTERNAL'='FALSE') 为固定写法，需要区分大小写。

2.2.4　Hive 数据仓库的 HQL 语言和视图

由于 Hive 设计之初就是用于数据仓库统计分析的，所以对查询的支持比较完善，它提供了 HiveQL（或 HQL），语法与我们接触的 SQL 大同小异，HQL 底层封装了一套

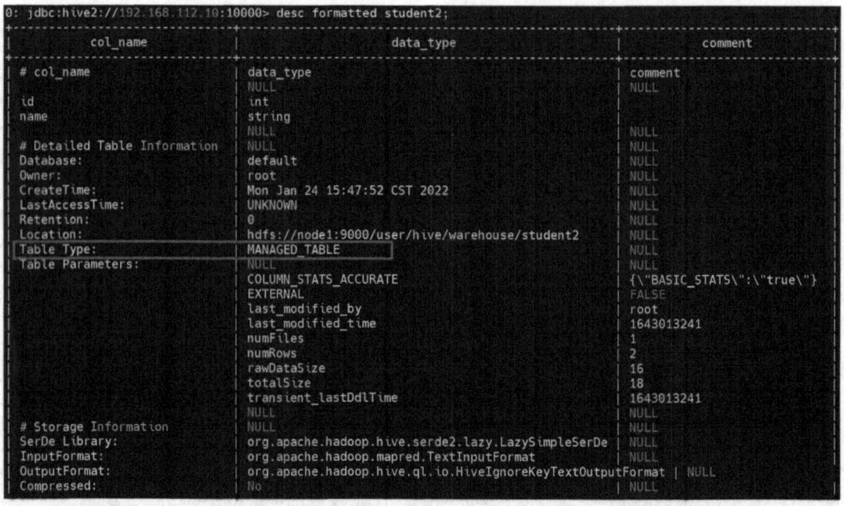

```
0: jdbc:hive2://192.168.112.10:10000> desc formatted student2;
+-------------------------------+----------------------------------------------------+------------------------------+
|           col_name            |                     data_type                      |           comment            |
+-------------------------------+----------------------------------------------------+------------------------------+
| # col_name                    | data_type                                          | comment                      |
|                               | NULL                                               | NULL                         |
| id                            | int                                                |                              |
| name                          | string                                             |                              |
|                               | NULL                                               | NULL                         |
| # Detailed Table Information  | NULL                                               | NULL                         |
| Database:                     | default                                            | NULL                         |
| Owner:                        | root                                               | NULL                         |
| CreateTime:                   | Mon Jan 24 15:47:52 CST 2022                       | NULL                         |
| LastAccessTime:               | UNKNOWN                                            | NULL                         |
| Retention:                    | 0                                                  | NULL                         |
| Location:                     | hdfs://node1:9000/user/hive/warehouse/student2     | NULL                         |
| Table Type:                   | MANAGED_TABLE                                      | NULL                         |
| Table Parameters:             | NULL                                               | NULL                         |
|                               | COLUMN_STATS_ACCURATE                              | {\"BASIC_STATS\":\"true\"}   |
|                               | EXTERNAL                                           | FALSE                        |
|                               | last_modified_by                                   | root                         |
|                               | last_modified_time                                 | 1643013241                   |
|                               | numFiles                                           | 1                            |
|                               | numRows                                            | 2                            |
|                               | rawDataSize                                        | 16                           |
|                               | totalSize                                          | 18                           |
|                               | transient_lastDdlTime                              | 1643013241                   |
|                               | NULL                                               | NULL                         |
| # Storage Information         | NULL                                               | NULL                         |
| SerDe Library:                | org.apache.hadoop.hive.serde2.lazy.LazySimpleSerDe | NULL                         |
| InputFormat:                  | org.apache.hadoop.mapred.TextInputFormat           | NULL                         |
| OutputFormat:                 | org.apache.hadoop.hive.ql.io.HiveIgnoreKeyTextOutputFormat | NULL                 |
| Compressed:                   | No                                                 | NULL                         |
```

图 2-15 表结构详细信息

MapReduce 模板,用户只需要编写熟悉的 SQL 即可自动转换为 MapReduce Job,进行数据的统计计算,简化了操作。

接下来我们对常见的 HQL 语句进行介绍。

1. DDL 操作

1) 创建数据库

创建数据库的语法如下。

```
CREATE (DATABASE|SCHEMA) [IF NOT EXISTS] database_name
    [COMMENT database_comment]
    [LOCATION hdfs_path]
    [WITH DBPROPERTIES (property_name=property_value,...)];
```

COMMENT:数据库备注。

LOCATION:HDFS 上的存储路径。

DBPROPERTIES:数据库有关的属性信息。

SCHEMA:DATABASE 的同义词。

(1) 创建一个数据库,数据库在 HDFS 上的默认存储路径是/user/hive/warehouse/ * .db。

```
hive> create database hdb;
```

(2) 避免要创建的数据库已经存在的错误,需要增加 if not exists 判断。

```
hive> create database hdb;
FAILED:Execution Error, return code 1 from
org.apache.hadoop.hive.ql.exec.DDLTask. Database hdb already exists
hive> create database if not exists hdb;
```

（3）创建一个数据库，指定数据库在 HDFS 上存放的位置，如图 2－16 所示。

```
hive> create database hdb2 location '/hdb2.db';
```

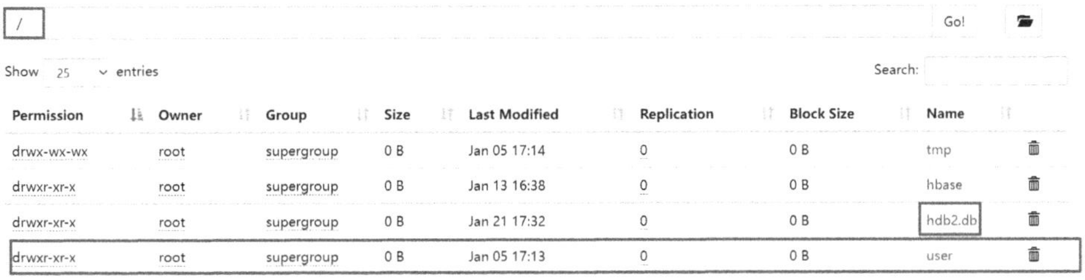
/
Go!
Show 25 entries
Search:
Permission Owner Group Size Last Modified Replication Block Size Name
drwx-wx-wx root supergroup 0 B Jan 05 17:14 0 0 B tmp
drwxr-xr-x root supergroup 0 B Jan 13 16:38 0 0 B hbase
drwxr-xr-x root supergroup 0 B Jan 21 17:32 0 0 B hdb2.db
drwxr-xr-x root supergroup 0 B Jan 05 17:13 0 0 B user

图 2－16　HDFS 目录

注：如果不指定 location 参数，则数据文件存储在安装时指定的默认存储路径/user/hive/warehouse/。

2）查询数据库

（1）显示数据库名称。

显示数据库如下。

```
hive> show databases;
    OK
    default
    hdb
    hdb2
```

过滤显示查询的数据库如下。

```
hive> show databases like 'h * ';
    OK
    hdb
    hdb2
```

（2）查看数据库详情。

显示数据库信息如下。

```
hive> desc database hdb;
    OK
    hdb hdfs://node1:9000/user/hive/warehouse/hdb.db root USER
```

显示数据库更详细信息，添加 extended 关键字。

```
hive> desc database extended hdb;
    OK
    hdb hdfs://node1:9000/user/hive/warehouse/hdb.db root USER
```

3）切换数据库

可使用 use 语法切换到指定的数据库。

```
hive> use hdb;
```

4）修改数据库

使用 ALTER DATABASE 命令为某个数据库的 DBPROPERTIES 设置键值对属性值，来描述这个数据库的属性信息。数据库的其他元数据属性名是不可更改的，包括数据库名和数据库所在的目录位置。

```
hive> alter database hdb set dbproperties('createtime'='20220101');
```

在 Hive 中查看修改后的结果。

```
hive> desc database extended hdb;
    OK
    hdb  hdfs://node1: 9000/user/hive/warehouse/hdb.db  root  USER
{createtime=20220101}
```

5）删除数据库

（1）删除空数据库。

```
hive> drop database hdb2;
```

（2）如果删除的数据库不存在，最好采用 if exists 判断数据库是否存在。

```
hive> drop database hdb2;
    FAILED:SemanticException [Error 10072]:Database does not exist:hdb2
hive> drop database if exists hdb2;
```

（3）如果数据库不为空，可以采用 cascade 命令强制删除。

```
hive> drop database hdb2;
FAILED:Execution Error, return code 1 from
org.apache.hadoop.hive.ql.exec.DDLTask.
InvalidOperationException(message:Database hdb2 is not empty. One or more tables exist.)
hive> drop database hdb2 cascade;
```

6)创建表

见 2.2.1 节~2.2.3 节内部表和外部表部分。

7)修改表

先创建一张表并插入两条数据。

```
create table if not exists test(
    id int,
    name string);
insert into test values(1,'zhangsan');
insert into test values(2,'lisi');
```

(1)增加列。

增加列的语法如下。

```
ALTER TABLE table_name
    ADD|REPLACE COLUMNS (col_name data_type [COMMENT col_comment],...)
```

增加列的示例语句如下。

```
hive> alter table test add columns(addr string);
```

从图 2-17 可以看到,列 addr 被添加到表结构中了。

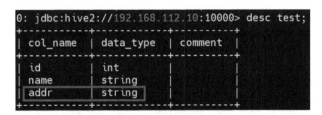

图 2-17 表结构详细信息(增加列)

(2)修改列。

修改列的语法如下。

```
ALTER TABLE table_name
    CHANGE [COLUMN] col_old_name col_new_name column_type
```

修改列的示例如下。

```
hive> alter table test change addr address string;
```

从图 2-18 可以看到,列名 addr 被成功修改为 address。值得注意的是,在满足类型转换规则的前提下(例如,int 可以转换为 string,反之则不允许),列类型也是允许修改的。

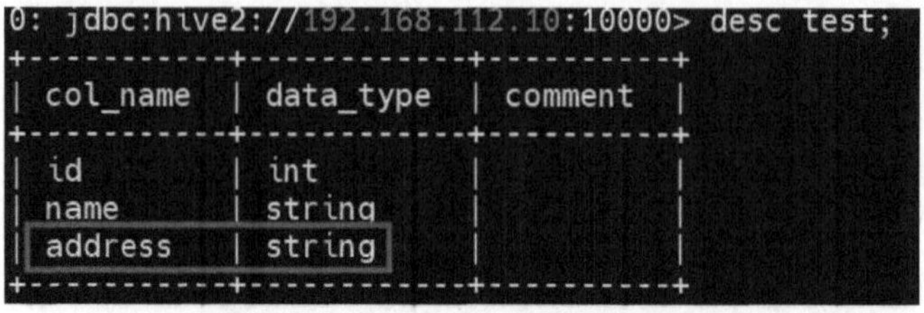

```
0: jdbc:hive2://192.168.112.10:10000> desc test;
+-----------+-----------+----------+
| col_name  | data_type | comment  |
+-----------+-----------+----------+
| id        | int       |          |
| name      | string    |          |
| address   | string    |          |
+-----------+-----------+----------+
```

图 2-18　表结构详细信息(修改列)

(3) 删除替换列。

Hive 本身没有提供直接删除 DROP 列的语法,但是可以通过替换 REPLACE 列语法实现相同的效果。本质上,替换列相当于删除之前所有字段并基于新指定的字段重建了表,数据保留并按新的列顺序填充,需要确保新字段类型兼容旧字段类型,否则会报错。

删除替换列的语法如下。

```
ALTER TABLE table_name
    REPLACE COLUMNS (col_name data_type [COMMENT col_comment],...)
```

删除替换列的示例如下。

```
hive> alter table test replace columns(iid int,last_name string);
```

从图 2-19 可以看到,字段已经替换。本例中,如果将新字段 last_name 修改为 int,则会报类型错误。

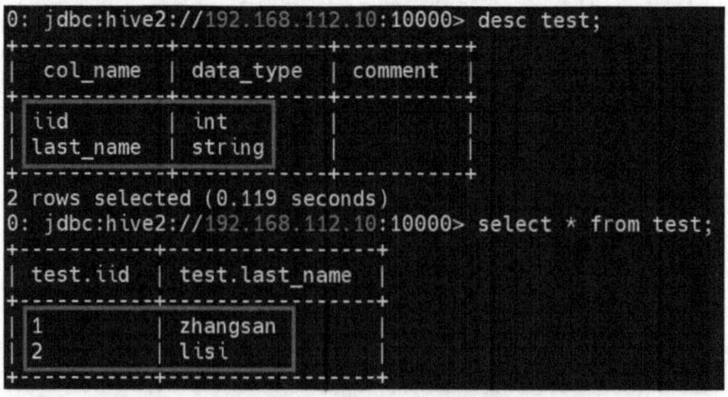

```
0: jdbc:hive2://192.168.112.10:10000> desc test;
+-----------+-----------+----------+
| col_name  | data_type | comment  |
+-----------+-----------+----------+
| iid       | int       |          |
| last_name | string    |          |
+-----------+-----------+----------+
2 rows selected (0.119 seconds)
0: jdbc:hive2://192.168.112.10:10000> select * from test;
+----------+----------------+
| test.iid | test.last_name |
+----------+----------------+
| 1        | zhangsan       |
| 2        | lisi           |
+----------+----------------+
```

图 2-19　表结构详细信息(删除列)

(4) 重命名表。

重命名表的语法如下。

```
ALTER TABLE table_name RENAME TO new_table_name
```

示例:将表 test 重命名为 test01。

```
hive> alter table test rename to test01;
```

查询重命名结果,如图 2-20 所示。

```
0: jdbc:hive2://192.168.112.10:10000> select * from test01;
+--------------+-------------------+
| test01.iid   | test01.last_name  |
+--------------+-------------------+
| 1            | zhangsan          |
| 2            | lisi              |
+--------------+-------------------+
```

图2-20 查 询 表

(5) 修改表的属性。

修改 Hive 表的属性,主要是设置 TBLPROPERTIES 中的参数,在内外部表的互相转换中,我们已经修改过固有属性之一'EXTERNAL'的值;实际上,还可以修改自定义的其他属性。

修改表属性的语法如下。

```
ALTER TABLE table_name SET TBLPROPERTIES table_properties;
table_properties: (property_name=property_value, property_name=property_value, ...)
```

修改表的属性的示例如下。

```
hive> alter table test01 set tblproperties('create_time'='20220115');
```

8) 清空表

清空表的语法如下。

```
TRUNCATE [TABLE] table_name
```

清空表的示例如下。

```
hive> truncate table test01;
```

注意:Truncate 只能删除管理表(内部表),不能删除外部表,否则会出现如图 2-21 所示的错误。

```
0: jdbc:hive2://192.168.112.10:10000> truncate table dept;
Error: Error while compiling statement: FAILED: SemanticException [Error 10146]: Cannot truncate non-managed table dept. (state=42000,code=10146)
```

图2-21 错 误 提 示

9)删除表

删除表的语法如下。

```
DROP TABLE [IF EXISTS] table_name
```

删除表的示例如下。

```
hive> drop table test01;
```

10)创建视图

视图可以保存查询功能并像对待表一样对这个查询进行操作,它只是一个逻辑结构,不会像表一样存储数据;使用视图可以封装经常使用的较复杂的业务逻辑,简化应用;其次,视图可以用来限制数据访问,从而保护信息不会被随意查询,例如,访问有限的列。

Hive 视图的语法与 MySQL 类似。

```
CREATE VIEW [IF NOT EXISTS] [db_name.]view_name [(column_name
[COMMENT column_comment],...)]
    [COMMENT view_comment]
    [TBLPROPERTIES (property_name=property_value,...)]
    AS SELECT...;
```

示例:AS 后面可以从表里面读取数据,这里采用了模拟数据。

```
hive> create view if not exists view_demo
    as select '1001' id,'zhangsan' name
  union select '1002' id,'lisi' name
  union select '1003' id,'wangwu' name;
```

查询视图数据,查询视图和查询表语法类似。查询视图如图 2-22 所示。

```
hive> select * from view_demo;
```

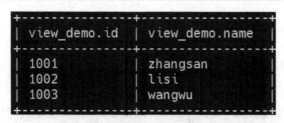

图 2-22 查询视图

11)更改视图属性

更改视图主要是修改其属性,语法与修改表属性类似。

ALTER VIEW [db_name.]view_name SET TBLPROPERTIES table_properties;
table_properties:(property_name = property_value, property_name = property_value,...)

更改视图属性的示例如下。

hive> alter view view_demo set tblproperties('create_time'='20220115');

12)删除视图

删除视图的语法如下。

DROP VIEW [IF EXISTS] [db_name.]view_name;

删除视图的示例如下。

hive> drop view if exists view_demo;

2. DML 操作

本节主要介绍最常用的数据查询、数据的装载、导入与导出操作。需要注意的是,由于 Hive 自身的设计理念,其侧重于数据仓库的分析统计应用,默认情况下 Hive 并不支持对数据的修改和删除操作。

1)基本查询

Hive 的查询语法和 MySQL 非常类似。

SELECT [ALL | DISTINCT] select_expr, select_expr,...
    FROM table_reference
    [WHERE where_condition]
    [GROUP BY col_list]
    [ORDER BY col_list]
    [LIMIT number]

(1)全表和特定列查询。

全表查询如下。

hive> select * from emp;

选择特定列查询如下。

```
hive> select empno,ename from emp;
```

注意：
① SQL 语言大小写不敏感；
② SQL 可以写在一行或者多行；
③ 关键字不能被缩写也不能分行；
④ 各子句建议分行写，使用缩进提高可读性。
(2) 使用列别名。

重命名一个列，便于计算，一般紧跟列名，也可以在列名和别名之间加入关键字"AS"；使用别名可以简化查询，提高执行效率。

示例：查询名称和部门，如图 2-23 所示。

```
hive> select ename AS name,deptno dn from emp;
```

```
0: jdbc:hive2://192.168.112.10:10000> select ename AS name, deptno dn from emp;
+---------+-----+
|  name   | dn  |
+---------+-----+
| SMITH   | 20  |
| ALLEN   | 30  |
| WARD    | 30  |
| JONES   | 20  |
| MARTIN  | 30  |
| BLAKE   | 30  |
| CLARK   | 10  |
| SCOTT   | 20  |
| KING    | 10  |
| TURNER  | 30  |
| ADAMS   | 20  |
| JAMES   | 30  |
| FORD    | 20  |
| MILLER  | 10  |
+---------+-----+
```

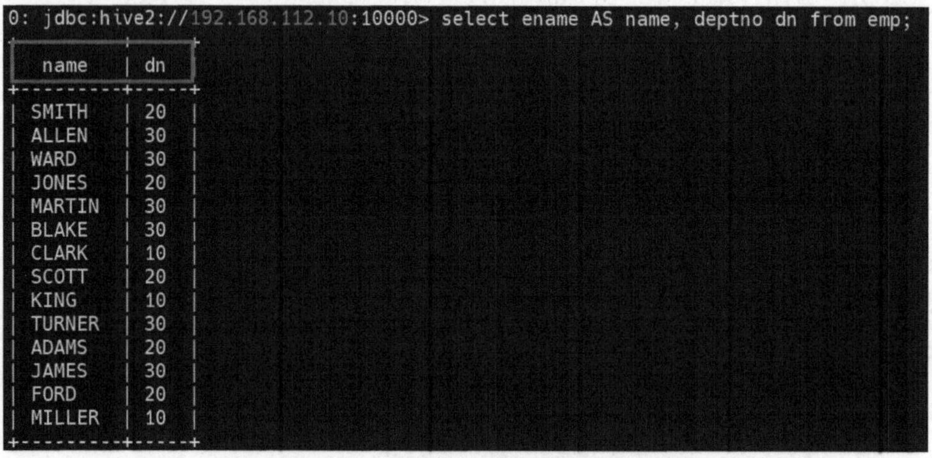

图 2-23 查询 emp 表的名称和部门

(3) 算术运算符。

常见的算术运算符如表 2-1 所示。

表 2-1 常见的算术运算符

运算符	描述
A+B	A 和 B 相加
A-B	A 减去 B
A*B	A 和 B 相乘
A/B	A 除以 B
A%B	A 对 B 取余

续　表

运算符	描述
A&B	A 和 B 按位取与
A|B	A 和 B 按位取或
A^B	A 和 B 按位取异或
~A	A 按位取反

示例：查询出所有员工的工资后加 1，以别名显示，如图 2-24 所示。

hive> select sal,sal+1 as csal from emp;

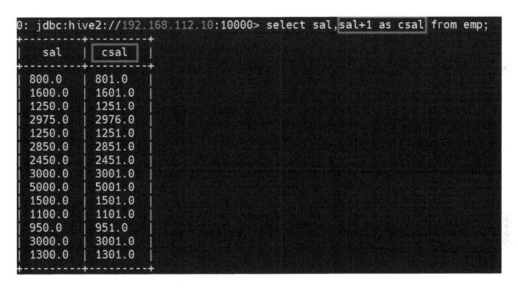

图 2-24　查询所有员工的工资后加 1 并以别名显示

(4) LIMIT 子句。

一般查询会返回多行数据，LIMIT 子句用于限制返回的行数；可以结合 OFFSET 使用，表示跳过 OFFSET 行显示 LIMIT 行数的数据。

hive> select * from emp limit 2 offset 2;

2) WHERE 子句

使用 WHERE 子句，用于过滤条件，一般紧随 FROM 子句后。

示例：查询出工资大于 1 000 元的所有员工，如图 2-25 所示。

hive> select * from emp where sal>2000;

```
0: jdbc:hive2://192.168.112.10:10000> select * from emp where sal>2000;
+-----------+-----------+-----------+---------+-------------+---------+----------+-------------+
| emp.empno | emp.ename | emp.job   | emp.mgr | emp.hiredate| emp.sal | emp.comm | emp.deptno  |
+-----------+-----------+-----------+---------+-------------+---------+----------+-------------+
| 7566      | JONES     | MANAGER   | 7839    | 1981-4-2    | 2975.0  | NULL     | 20          |
| 7698      | BLAKE     | MANAGER   | 7839    | 1981-5-1    | 2850.0  | NULL     | 30          |
| 7782      | CLARK     | MANAGER   | 7839    | 1981-6-9    | 2450.0  | NULL     | 10          |
| 7788      | SCOTT     | ANALYST   | 7566    | 1987-4-19   | 3000.0  | NULL     | 20          |
| 7839      | KING      | PRESIDENT | NULL    | 1981-11-17  | 5000.0  | NULL     | 10          |
| 7902      | FORD      | ANALYST   | 7566    | 1981-12-3   | 3000.0  | NULL     | 20          |
+-----------+-----------+-----------+---------+-------------+---------+----------+-------------+
6 rows selected (0.496 seconds)
```

图 2-25　查询出工资大于 1000 元的所有员工

（1）比较运算符。

表 2-2 中描述了谓词操作符，这些操作符可以用于 JOIN…ON 和 HAVING 语句中。

表 2-2　谓　词　操　作　符

操作符	支持的数据类型	描述
A＝B	基本数据类型	如果 A 等于 B，则返回 TRUE，反之返回 FALSE
A＜＝＞B	基本数据类型	如果 A 和 B 都为 NULL，则返回 TRUE，其他的和等号（＝）运算符的结果一致，如果任一为 NULL 则结果为 NULL
A＜＞B，A！＝B	基本数据类型	A 或者 B 为 NULL，则返回 NULL；如果 A 不等于 B，则返回 TRUE，反之返回 FALSE
A＜B	基本数据类型	A 或者 B 为 NULL，则返回 NULL；如果 A 小于 B，则返回 TRUE，反之返回 FALSE
A＜＝B	基本数据类型	A 或者 B 为 NULL，则返回 NULL；如果 A 小于或等于 B，则返回 TRUE，反之返回 FALSE
A＞B	基本数据类型	A 或者 B 为 NULL，则返回 NULL；如果 A 大于 B，则返回 TRUE，反之返回 FALSE
A＞＝B	基本数据类型	A 或者 B 为 NULL，则返回 NULL；如果 A 大于或等于 B，则返回 TRUE，反之返回 FALSE
A [NOT] BETWEEN B AND C	基本数据类型	如果 A、B 或者 C 任一为 NULL，则结果为 NULL；如果 A 的值大于或等于 B 而且小于或等于 C，则结果为 TRUE，反之为 FALSE；如果使用 NOT 关键字则可达到相反的效果
A IS NULL	所有数据类型	如果 A 等于 NULL，则返回 TRUE，反之返回 FALSE
A IS NOT NULL	所有数据类型	如果 A 不等于 NULL，则返回 TRUE，反之返回 FALSE
IN（数值 1，数值 2）	所有数据类型	使用 IN 运算匹配列表中的值
A IS [NOT]（TRUE|FALSE）	布尔类型	当 A 满足条件时为 TRUE
A [NOT] LIKE B	STRING 类型	B 是一个 SQL 下的简单正则表达式，如果 A 与其匹配的话，则返回 TRUE；反之返回 FALSE。B 的表达式说明如下："x%"表示 A 必须以字母"x"开头，"%x"表示 A 必须以字母"x"结尾，而"%x%"表示 A 包含有字母"x"，可以位于开头，结尾或者字符串中间；如果使用 NOT 关键字则可达到相反的效果

续表

操作符	支持的数据类型	描述
A RLIKE B/A REG EXP B	STRING 类型	B 是一个正则表达式,如果 A 与其匹配,则返回 TRUE;反之返回 FALSE。匹配使用的是 JDK 中的正则表达式接口实现的,因为正则也依据其中的规则。例如,正则表达式必须和整个字符串 A 相匹配,而不是只需与其字符串匹配

示例:查询出工资等于 5 000 元的所有员工。如图 2-26 所示。

hive> select * from emp where sal=5000;

图 2-26 查询工资等于 5 000 元的所有员工

查询工资为 500~1 000 元的员工信息,如图 2-27 所示。

hive> select * from emp where sal between 500 and 1000;

图 2-27 查询工资为 500~1 000 元的员工信息

查询 comm 为空的所有员工信息,如图 2-28 所示。

hive> select * from emp where comm is null;

图 2-28 查询 comm 为空的所有员工信息

查询工资是 1500 元或 5000 元的员工信息，如图 2-29 所示。

hive> select * from emp where sal in(1500,5000);

图 2-29 查询工资是 1500 元或 5000 元的员工信息

(2) Like 和 RLike。

使用 LIKE 运算选择类似的值，选择条件可以包含字符或数字，其中：% 代表零个或多个字符（任意个字符）；_代表一个字符。

RLIKE 子句是 Hive 中这个功能的一个扩展，其可以通过 Java 的正则表达式来指定匹配条件。

示例：查找以 2 开头工资的员工信息，如图 2-30 所示。

hive> select * from emp where sal Like '2%';

图 2-30 查找以 2 开头工资的员工信息

查找第二个数值为 2 的工资的员工信息，如图 2-31 所示。

hive> select * from emp where sal Like '_2%';

图 2-31 查找第二个数值为 2 的工资的员工信息

查找姓名中含有 N 的员工信息，如图 2-32 所示。

hive> select * from emp where ename Rlike '[N]';

```
0: jdbc:hive2://192.168.112.10:10000> select * from emp where ename RLIKE '[N]';
+------------+------------+-----------+----------+--------------+----------+-----------+-------------+
| emp.empno  | emp.ename  | emp.job   | emp.mgr  | emp.hiredate | emp.sal  | emp.comm  | emp.deptno  |
+------------+------------+-----------+----------+--------------+----------+-----------+-------------+
| 7499       | ALLEN      | SALESMAN  | 7698     | 1981-2-20    | 1600.0   | 300.0     | 30          |
| 7566       | JONES      | MANAGER   | 7839     | 1981-4-2     | 2975.0   | NULL      | 20          |
| 7654       | MARTIN     | SALESMAN  | 7698     | 1981-9-28    | 1250.0   | 1400.0    | 30          |
| 7839       | KING       | PRESIDENT | NULL     | 1981-11-17   | 5000.0   | NULL      | 10          |
| 7844       | TURNER     | SALESMAN  | 7698     | 1981-9-8     | 1500.0   | 0.0       | 30          |
+------------+------------+-----------+----------+--------------+----------+-----------+-------------+
5 rows selected (0.518 seconds)
```

图 2-32 查找姓名中含有 N 的员工信息

（3）逻辑运算符。

逻辑运算符如表 2-3 所示。

表 2-3 常见的逻辑运算符

操作符	含义
AND	逻辑与
OR	逻辑或
NOT/!	逻辑非

示例：查询工资大于 1000 元，部门是 30 的员工，如图 2-33 所示。

hive> select * from emp where sal>1000 and deptno=30;

```
0: jdbc:hive2://192.168.112.10:10000> select * from emp where sal>1000 and deptno=30;
+------------+------------+-----------+----------+--------------+----------+-----------+-------------+
| emp.empno  | emp.ename  | emp.job   | emp.mgr  | emp.hiredate | emp.sal  | emp.comm  | emp.deptno  |
+------------+------------+-----------+----------+--------------+----------+-----------+-------------+
| 7499       | ALLEN      | SALESMAN  | 7698     | 1981-2-20    | 1600.0   | 300.0     | 30          |
| 7521       | WARD       | SALESMAN  | 7698     | 1981-2-22    | 1250.0   | 500.0     | 30          |
| 7654       | MARTIN     | SALESMAN  | 7698     | 1981-9-28    | 1250.0   | 1400.0    | 30          |
| 7698       | BLAKE      | MANAGER   | 7839     | 1981-5-1     | 2850.0   | NULL      | 30          |
| 7844       | TURNER     | SALESMAN  | 7698     | 1981-9-8     | 1500.0   | 0.0       | 30          |
+------------+------------+-----------+----------+--------------+----------+-----------+-------------+
5 rows selected (0.535 seconds)
```

图 2-33 查询工资大于 1000 元，部门是 30 的员工

查询工资大于 1000 元，或者部门是 30 的员工，如图 2-34 所示。

hive> select * from emp where sal>1000 or deptno=30;

```
0: jdbc:hive2://192.168.112.10:10000> select * from emp where sal>1000 or deptno=30;
+------------+------------+-----------+----------+--------------+----------+-----------+-------------+
| emp.empno  | emp.ename  | emp.job   | emp.mgr  | emp.hiredate | emp.sal  | emp.comm  | emp.deptno  |
+------------+------------+-----------+----------+--------------+----------+-----------+-------------+
| 7499       | ALLEN      | SALESMAN  | 7698     | 1981-2-20    | 1600.0   | 300.0     | 30          |
| 7521       | WARD       | SALESMAN  | 7698     | 1981-2-22    | 1250.0   | 500.0     | 30          |
| 7566       | JONES      | MANAGER   | 7839     | 1981-4-2     | 2975.0   | NULL      | 20          |
| 7654       | MARTIN     | SALESMAN  | 7698     | 1981-9-28    | 1250.0   | 1400.0    | 30          |
| 7698       | BLAKE      | MANAGER   | 7839     | 1981-5-1     | 2850.0   | NULL      | 30          |
| 7782       | CLARK      | MANAGER   | 7839     | 1981-6-9     | 2450.0   | NULL      | 10          |
| 7788       | SCOTT      | ANALYST   | 7566     | 1987-4-19    | 3000.0   | NULL      | 20          |
| 7839       | KING       | PRESIDENT | NULL     | 1981-11-17   | 5000.0   | NULL      | 10          |
| 7844       | TURNER     | SALESMAN  | 7698     | 1981-9-8     | 1500.0   | 0.0       | 30          |
| 7876       | ADAMS      | CLERK     | 7788     | 1987-5-23    | 1100.0   | NULL      | 20          |
| 7900       | JAMES      | CLERK     | 7698     | 1981-12-3    | 950.0    | NULL      | 30          |
| 7902       | FORD       | ANALYST   | 7566     | 1981-12-3    | 3000.0   | NULL      | 20          |
| 7934       | MILLER     | CLERK     | 7782     | 1982-1-23    | 1300.0   | NULL      | 10          |
+------------+------------+-----------+----------+--------------+----------+-----------+-------------+
13 rows selected (0.386 seconds)
```

图 2-34 查询工资大于 1000 元或部门是 30 的员工

查询除了 20 部门和 30 部门以外的员工信息，如图 2-35 所示。

hive> select * from emp where deptno not in(30,20);

图 2-35 查询除了 20 部门和 30 部门以外的员工信息

3）分组

（1）Group By 子句。

Group By 子句通常会和聚合函数一起使用，按照一个或者多个列队结果进行分组，然后对每个组执行聚合操作。

示例：计算 emp 表每个部门的平均工资，如图 2-36 所示。

hive> select t.deptno,avg(t.sal) avg_sal from emp t group by t.deptno;

图 2-36 计算 emp 表每个部门的平均工资

计算 emp 表每个部门中每个岗位的最高工资，如图 2-37 所示。

hive> select t.deptno,t.job,max(t.sal) max_sal from emp t group by t.deptno,t.job;

图 2-37 计算 emp 表每个部门中每个岗位的最高工资

(2) Having 子句。

Having 子句允许用户通过一个简单的语法完成原本需要通过子查询才能对 Group By 子句产生的分组进行条件过滤的任务。

Having 与 Where 不同点如下：

① Where 针对表中的列发挥作用，查询数据；Having 针对查询结果中的列发挥作用，筛选数据。

② Where 后面不能写分组函数，而 Having 后面可以使用分组函数。

③ Having 只能用于 Group by 分组统计子句。

示例：查询平均工资大于 2 000 元的部门，如图 2-38 所示。

```
hive> select deptno,avg(sal) avg_sal from emp group by deptno having avg_sal>2000;
```

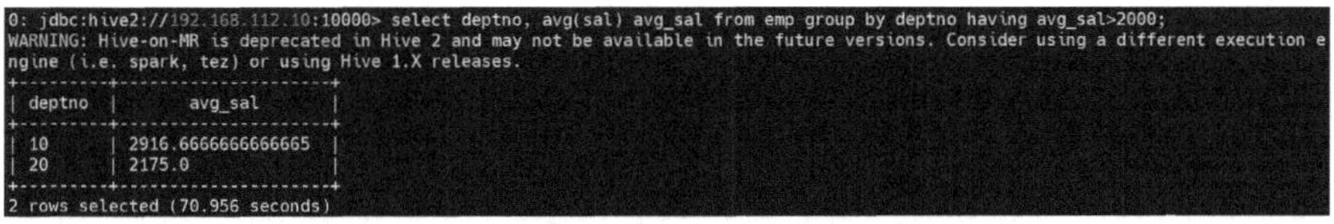

图 2-38　查询平均工资大于 2 000 元的部门

4）连接

(1) 等值 Join。

Hive 支持通常的 SQL JOIN 语句，但是只支持等值连接，不支持非等值连接，即在连接条件使用除"="运算符以外的其他比较运算符，如>、>=、<=、<、!>、!<和<>。

示例：根据员工表和部门表中的部门编号相等，查询员工编号、员工名称和部门名称，如图 2-39 所示。

```
hive> select e.empno,e.ename,d.deptno,d.dname from emp e Join dept d on e.deptno=d.deptno;
```

(2) 内连接。

内连接 Inner Join：只有进行连接的两个表中都存在与连接条件相匹配的数据才会被保留下来，通常 Inner 可以省略。

(3) 左外连接。

左外连接 Left outer Join：Join 操作符左边表中符合 WHERE 子句的所有记录将会被返回，通常 Outer 可以省略。

```
hive> select e.empno,e.ename,d.deptno,d.dname from emp e left join dept d on e.deptno=d.deptno;
```

```
0: jdbc:hive2://192.168.112.10:10000> select e.empno, e.ename, d.deptno, d.dname from emp e left join dept d on e.deptno = d.deptno
;
WARNING: Hive-on-MR is deprecated in Hive 2 and may not be available in the future versions. Consider using a different execution e
ngine (i.e. spark, tez) or using Hive 1.X releases.
SLF4J: Class path contains multiple SLF4J bindings.
SLF4J: Found binding in [jar:file:/opt/module/hive-2.3.9/lib/log4j-slf4j-impl-2.6.2.jar!/org/slf4j/impl/StaticLoggerBinder.class]
SLF4J: Found binding in [jar:file:/opt/module/hadoop-2.8.3/share/hadoop/common/lib/slf4j-log4j12-1.7.10.jar!/org/slf4j/impl/StaticL
oggerBinder.class]
SLF4J: See http://www.slf4j.org/codes.html#multiple_bindings for an explanation.
SLF4J: Actual binding is of type [org.apache.logging.slf4j.Log4jLoggerFactory]
2022-01-27 16:52:41    Starting to launch local task to process map join;    maximum memory = 477626368
2022-01-27 16:52:45    Dump the side-table for tag: 1 with group count: 4 into file: file:/tmp/root/0a6a7cdd-9c90-4047-8bb3-23a643
f1395c/hive_2022-01-27_16-52-22_829_3836444821027493247-1/-local-10004/HashTable-Stage-3/MapJoin-mapfile11--.hashtable
2022-01-27 16:52:45    Uploaded 1 File to: file:/tmp/root/0a6a7cdd-9c90-4047-8bb3-23a643f1395c/hive_2022-01-27_16-52-22_829_383644
4821027493247-1/-local-10004/HashTable-Stage-3/MapJoin-mapfile11--.hashtable (373 bytes)
2022-01-27 16:52:45    End of local task; Time Taken: 4.607 sec.
+----------+----------+-----------+-------------+
| e.empno  | e.ename  | d.deptno  |   d.dname   |
+----------+----------+-----------+-------------+
| 7369     | SMITH    | 20        | RESEARCH    |
| 7499     | ALLEN    | 30        | SALES       |
| 7521     | WARD     | 30        | SALES       |
| 7566     | JONES    | 20        | RESEARCH    |
| 7654     | MARTIN   | 30        | SALES       |
| 7698     | BLAKE    | 30        | SALES       |
| 7782     | CLARK    | 10        | ACCOUNTING  |
| 7788     | SCOTT    | 20        | RESEARCH    |
| 7839     | KING     | 10        | ACCOUNTING  |
| 7844     | TURNER   | 30        | SALES       |
| 7876     | ADAMS    | 20        | RESEARCH    |
| 7900     | JAMES    | 30        | SALES       |
| 7902     | FORD     | 20        | RESEARCH    |
| 7934     | MILLER   | 10        | ACCOUNTING  |
```

图 2-39 等 值 Join

(4) 右外连接。

右外连接 Right outer join：JOIN 操作符右边表中符合 WHERE 子句的所有记录将会被返回，通常 Outer 可以省略。

hive> select e.empno, e.ename, d.deptno, d.dname from emp e right join dept d on e.deptno=d.deptno;

(5) 全外连接。

全外连接 Full outer join：将会返回所有表中符合 WHERE 子句条件的所有记录。如果任一表的指定字段没有符合条件的值，那么就使用 NULL 值替代，通常 Outer 可以省略。

hive> select e.empno, e.ename, d.deptno, d.dname from emp e full join dept d on e.deptno=d.deptno;

(6) 多表连接。

注意：连接 n 个表，至少需要 $n-1$ 个连接条件。例如连接 3 个表，那么至少需要两个连接条件。

示例：多表连接查询。

hive> SELECT e.ename, d.deptno, o.loc_name
  FROM emp e
  JOIN dept d

```
    ON       d.deptno=e.deptno
    JOIN     location o
    ON       d.loc=o.loc;
```

其中,location 表结构如下:

```
hive> create table if not exists default.location(
    loc int,
    loc_name string
    )
    row format delimited fields terminated by '\t';
```

大多数情况下,Hive 会对每对 JOIN 连接对象启动一个 MapReduce 任务。本例中会首先启动一个 MapReduce job 对表 e 和表 d 进行连接操作;然后会再启动一个 MapReduce job 将第一个 MapReduce job 的输出和表 o 进行连接操作。为什么不是表 d 和表 o 先进行连接操作呢? 这是因为 Hive 总是按照从左到右的顺序执行的。

(7) 笛卡尔积。

笛卡尔积是一种特殊的连接,表示两个连接表的行数的乘积,会在以下情况下产生。

① 省略连接条件。

② 连接条件无效。

默认情况下 Hive 不支持笛卡尔积,如果出现如图 2-40 所示的错误,则需要设置 Hive 参数,重启后生效。

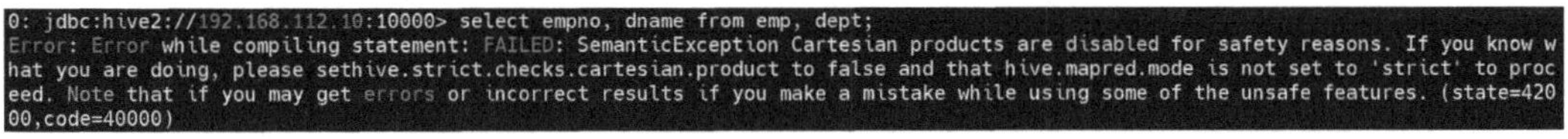

```
0: jdbc:hive2://192.168.112.10:10000> select empno, dname from emp, dept;
Error: Error while compiling statement: FAILED: SemanticException Cartesian products are disabled for safety reasons. If you know what you are doing, please sethive.strict.checks.cartesian.product to false and that hive.mapred.mode is not set to 'strict' to proceed. Note that if you may get errors or incorrect results if you make a mistake while using some of the unsafe features. (state=42000,code=40000)
```

图 2-40 错 误 信 息

设置 Hive 参数:

```
set hive.strict.checks.cartesian.product=false;
set hive.mapred.mode=nonstrict;
```

示例:通过员工表和部门表产出笛卡尔积。

```
hive> select empno,dname from emp,dept;
```

注意:产生笛卡尔积会使连接性能降低,通常情况下并不需要这些数据,除非特别要求,一般不推荐使用。

5)排序

使用 ORDER BY 子句排序,该子句在 SELECT 语句的结尾,有两种顺序:

ASC(ascend)——升序(默认);

DESC(descend)——降序。

(1)普通排序(ORDER BY)。

示例:查询员工信息按工资降序排列。

hive> select * from emp order by sal desc;

(2)按照别名排序。

示例:按照员工工资的 2 倍排序。

hive> select ename,sal * 2 csal from emp order by csal;

(3)多个列排序。

示例:按照部门和工资升序排序。

hive> select ename,deptno,sal from emp order by deptno asc,sal desc;

6)装载数据

将数据写入 Hive 表除了使用标准的 Insert 语法插入数据外,还提供了装载 Load 数据的方式,Load 一般用于批量写入,需要先准备好数据文件。

(1)语法。

hive> load data [local] inpath '/opt/module/datas/student.txt' overwrite|into table tablename;

① load data:表示加载数据;

② local:表示从本地加载数据到 Hive 表;否则从 HDFS 加载数据到 Hive 表;

③ inpath:表示加载数据的路径;

④ overwrite:表示覆盖表中已有数据,否则表示追加;

⑤ into table:表示加载到哪张表;

⑥ tablename:表示具体的表。

(2)加载本地文件到 Hive 中。

准备一个数据文件/opt/module/data/author.txt,内容如下。

[root@node1 ~]# vim /opt/module/data/author.txt
1zhangsan
2lisi
3wangwu

4zhangliu
5jack
6rose
7lily
8lucy

创建一张表。

hive> create table author(id int, name string) row format delimited fields terminated by '\t';

加载本地文件到 Hive。

hive> load data local inpath '/opt/module/data/author.txt' into table default.author;

查看表中的数据,如图 2-41 所示。

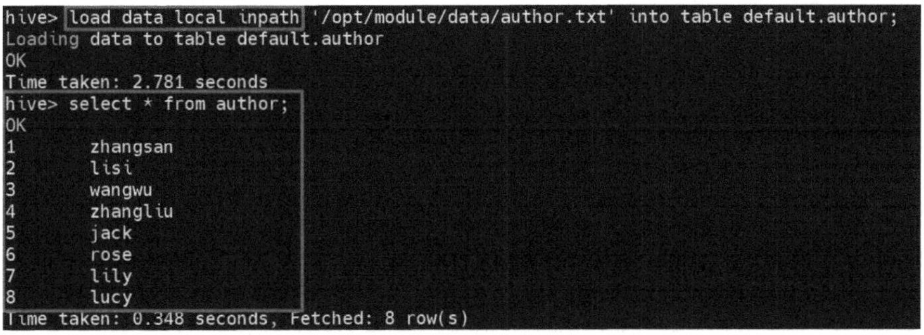

```
hive> load data local inpath '/opt/module/data/author.txt' into table default.author;
Loading data to table default.author
OK
Time taken: 2.781 seconds
hive> select * from author;
OK
1       zhangsan
2       lisi
3       wangwu
4       zhangliu
5       jack
6       rose
7       lily
8       lucy
Time taken: 0.348 seconds, Fetched: 8 row(s)
```

图 2-41 查看 author 表

(3) 加载 HDFS 文件到 Hive 中。

创建一张新表。

hive> create table author1(id int, name string) row format delimited fields terminated by '\t';

将数据文件上传文件到 HDFS。

hive> dfs -put /opt/module/data/author.txt /user/hive/;

加载 HDFS 上数据,如图 2-42 所示。

hive> load data inpath '/user/hive/author.txt' into table default.author1;

```
hive> load data inpath '/user/hive/author.txt' into table default.author1;
Loading data to table default.author1
OK
Time taken: 1.238 seconds
hive> select * from author1;
OK
1       zhangsan
2       lisi
3       wangwu
4       zhangliu
5       jack
6       rose
7       lily
8       lucy
Time taken: 0.29 seconds, Fetched: 8 row(s)
```

图 2-42　加载 HDFS 上数据

（4）加载数据覆盖表中已有的数据。

准备一个新数据文件/opt/module/data/author1.txt，内容如下。

> [root@node1 ~]# vim /opt/module/data/author1.txt
> 1zhangsan
> 2lisi
> 3wangwu
> 4zhangliu
> 5jack
> 6rose
> 7lilei
> 8jim

上传文件到 HDFS。

> hive> dfs -put /opt/module/data/author1.txt /user/hive/;

加载数据覆盖表中已有的数据，如图 2-43 所示。

> hive> load data inpath '/user/hive/author1.txt' overwrite into table default.author1;

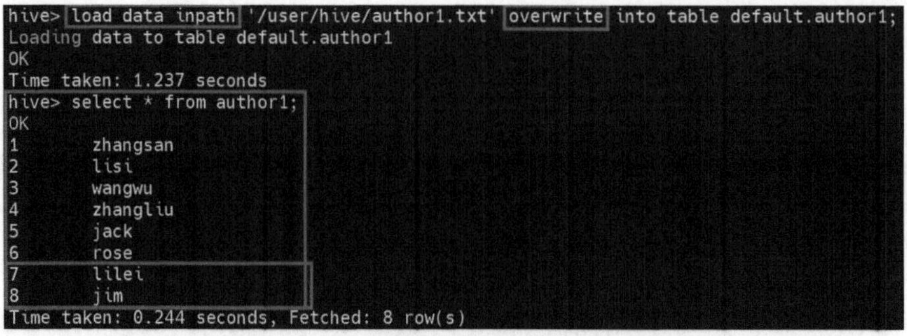

```
hive> load data inpath '/user/hive/author1.txt' overwrite into table default.author1;
Loading data to table default.author1
OK
Time taken: 1.237 seconds
hive> select * from author1;
OK
1       zhangsan
2       lisi
3       wangwu
4       zhangliu
5       jack
6       rose
7       lilei
8       jim
Time taken: 0.244 seconds, Fetched: 8 row(s)
```

图 2-43　加载数据覆盖表中已有的数据

可以看到,使用了 overwrite 关键字后,author1 表的数据已被覆盖。

7) 数据导入导出

(1) 数据导入导出的语法。

导出语法如下。

> EXPORT TABLE tablename TO 'export_target_path' [FOR replication('eventid')]

导入语法如下。

> IMPORT [[EXTERNAL] TABLE new_or_original_tablename FROM 'source_path'
> [LOCATION 'import_target_path']

(2) 数据导入导出的示例。

注意:先用 export 导出后,再将数据导入;导入的表不能预先存在,导出时包含了元数据。

本示例导入时分别使用了内部表和外部表,如图 2-44 所示。

> hive> export table student to '/user/hive/export/student_hdfs';
> hive> import table student9 from '/user/hive/export/student_hdfs';
> hive> select * from student9;
> hive> import external table student10 from
> '/user/hive/export/student_hdfs';
> hive> select * from student10;

```
0: jdbc:hive2://192.168.112.10:10000> select * from student9;
+--------------+----------------+
| student9.id  | student9.name  |
+--------------+----------------+
| 1            | zhangsan       |
| 2            | lisi           |
+--------------+----------------+
2 rows selected (0.11 seconds)
0: jdbc:hive2://192.168.112.10:10000> select * from student10;
+---------------+-----------------+
| student10.id  | student10.name  |
+---------------+-----------------+
| 1             | zhangsan        |
| 2             | lisi            |
+---------------+-----------------+
2 rows selected (0.124 seconds)
```

图 2-44 查看学生表

2.2.5 Hive 数据仓库的函数介绍

Hive 数据仓库本身提供了丰富的内置函数，使用时可以很方便地调用，表 2-4 列出了部分较常用的内置函数。

表 2-4 常用内置函数

函数分类	语法与描述	示例
数值函数	floor(double x)：返回小于 x 的最大整值	input：floor(2.4) output：2
	ceil(double x)：返回大于 x 的最小整值	input：ceil(2.4) output：3
	rand(int seed)：返回随机数，seed 为随机因子；如果不指定则返回从 0 到 1 的随机数；指定 seed 则生成稳定的随机数序列	input：rand() output：返回 0 到 1 的随机数，每次不同
	round(double x, int n)：返回 x 保留 n 位四舍五入	input：round(2.442,2) output：2.44
	abs(double x)：返回 x 的绝对值	input：abs(-3.14) output：3.14
类型转换函数	cast(expr as <type>)：类型转换函数，将 expr 强制转换成 type 类型；如果转换不成功，则返回 NULL	input：cast('1' as INT) output：1
字符串函数	length(string1)：返回 string1 长度	input：length('abc') output：3
	concat(string1, string2)：返回拼接 string1 及 string2 后的字符串	input：concat('a','b') output：'ab'
	concat_ws(sep, string1, string2)：返回按指定分隔符拼接的字符串	input：concat_ws(',','a','b','c') output：'a,b,c'
	locate(string substr, string str, [int pos])：返回位置 pos 之后 str 中第一次出现 substr 的位置	input：locate('ab','abcabcdabcde',2) output：4
	instr(string str, string substr)：返回子串 substr 第一次在字符串 str 中出现的位置，索引从 1 开始；如果 substr 为空，则返回 NULL；如果没有找到，则返回 0	input：instr('abcabcdabcde','ab') output：1

续　表

函数分类	语法与描述	示例
	lower(string1)：返回小写字符串，同 lcase(string1)	input：lower('AB') output：'ab'
	upper(string1)：返回大写字符串，同 ucase(string1)	input：upper('ab') output：'AB'
	trim(string1)：去除字符串左右空格	input：trim('ab') output：'ab'
	ltrim(string1)：去除字符串左空格	input：ltrim('ab') output：'ab'
	lpad(string str, int len, string pad)：返回 str，用 pad 向左填充到 len 的长度。如果 str 比 len 长，则返回值缩短为 len 个字符。如果填充字符串为空，则返回值为 NULL	input：lpad('abc',10,'0x') output：'0x0x0x0abc'
	rtrim(string1)：去除字符串右空格	input：rtrim('ab') output：'ab'
	rpad(string str, int len, string pad)：返回 str，用 pad 向右填充到 len 的长度。如果 str 比 len 长，则返回值缩短为 len 个字符。如果填充字符串为空，则返回值为 NULL	input：rpad('abc',10,'0x') output：'abc0x0x0x0'
	repeat(string1,n)：返回重复 string1 字符串 n 次后的字符串	input：repeat('abc',2) output：'abcabc'
	reverse(string1)：返回 string1 反转后的字符串	input：reverse('a,b,c') output：'c,b,a'
	replace(string A,string OLD,string NEW)：将字符串 A 中旧的字符串 OLD，用新字符串 NEW 替换后并返回	input：replace("ababab","ba","Z") output：aZZb
	split(string1,sep)：以正则 sep 分隔字符串 string1，返回数组，常配合选择数组第几位使用，数组索引从 0 开始	input：split('a,b,c',',')[2] output：'c'
	substr(string1,start,len)：将 string1 以 start 位置起截取 len 个字符，索引从 1 开始	input：substr('abcdef',2,3) output：'bcd'

续 表

函数分类	语法与描述	示例
条件函数	if(boolean,x1,x2)：若 boolean 成立，则返回 x1，反之返回 x2	input：if(2＞1,1,2) output：1
	case when a then b [when c then d] [else e] end： 若布尔值 a 成立则 b；若布尔值 c 成立，则 d；否则为 e。 或者： case a when b then c [when d then e] [else f] end： 如果 a 的值为 b，则 c；值为 d，则 e，否则为 f。 效果同 if 函数，当多重判断时候，格式较为友好	input：case when 2＞1 then 1 else 2 end output：1 或者 input：case 2 when 2 then 'B' when 1 then 'A' else 'C' end output：'B'
	coalesce(v0,v1,v2)：返回参数中的第一个非空值，若所有值均为空，则返回空	input：coalesce(null,1,2) output：1
	isnull(a)：若 a 为空，则返回 true，否则返回 false	input：isnull('a') output：false
	isnotnull(a)：若 a 不为空，则返回 true，否则返回 false	input：isnotnull('a') output：true
	nvl(a,b)：若 a 为空，则返回 b；否则返回 a；如果两个参数都为空，则返回 NULL	input：nvl(null,'b') output：'b'
	nullif(a,b)：如果 a＝b 则返回 NULL；否则返回 a，等价于 case when 'a'＝'b' then NULL else 'a' end	input：nullif('a','b') output：'a'
日期函数	current_date：返回当前日期	input：current_date output：'2022－05－15'
	current_timestamp：返回当前时间戳	input：current_timestamp output：'2022－05－15 16:18:03.74'
	to_date(string timestamp)：返回时间戳字符串的日期部分	input：to_date('2022－01－15 00:00:00') output：'2022－01－15'
	year(date)：返回日期 date 的年份，返回 int 格式	input：year('2022－01－15') output：2022

续　表

函数分类	语法与描述	示例
	quarter(date/timestamp/string)：返回日期的季度，返回int格式	input：quarter('2022-01-15') output：1
	month(date)：返回日期date的月份，返回int格式	input：month('2022-01-15') output：1
	day(date)：返回日期date的天，返回int格式	input：day('2022-01-15') output：15
	weekofyear(date)：返回日期date位于该年第几周	input：weekofyear('2022-01-15') output：2
	hour(date)：返回日期date的小时，返回int格式	input：hour('2022-01-15 10:09:08') output：10
	minute(date)：返回日期date的分钟，返回int格式	input：minute('2022-01-15 10:09:08') output：9
	second(date)：返回日期date的秒，返回int格式	input：second('2022-01-15 10:09:08') output：8
	datediff(date1,date2)：返回日期date1与date2相差的天数	input：datediff('2022-01-15','2022-01-14') output：1
	date_add(date,int1)：返回日期date加上int1的日期	input：date_add('2022-01-14',1) output：'2022-01-15'
	date_sub(date,int1)：返回日期date减去int1的日期	input：date_sub('2022-01-15',2); output：'2022-01-13'
	from_utc_timestamp({any primitive type} ts,string timezone)：将utc中的时间戳转换为给定的时区	input：from_utc_timestamp('2022-01-15','PST') output：'2022-01-14 16:00:00.0'
	to_utc_timestamp({any primitive type} ts, string timezone)：将给定时区中的时间戳转换为utc	input：to_utc_timestamp('2022-01-14 16:00:00.0','PST') output：'2022-01-15 00:00:00.0'
	unix_timestamp()：返回当前时间的unix时间戳，可指定日期格式	input：unix_timestamp('2022-01-15','yyyy-mm-dd'); output：1642176060

续 表

函数分类	语法与描述	示例
	from_unixtime():返回unix时间戳对应的日期,可指定格式,时间戳是以unix纪元"1970-01-01 00:00:00"秒数转换为当前系统时区的时间戳为基准	input:from_unixtime(1642176060,'yyyy-MM-dd HH:mm:ss') output:'2022-01-15 00:01:00'
	add_months(date,num_months):返回指定日期增加或减少(负数)月份后的日期	input:add_months('2022-01-31 14:15:16',1) output:'2022-02-28'
	last_day(date):返回指定日期所在月的最后一天的日期,日期的时间部分被忽略	input:last_day('2022-01-15 14:15:16') output:'2022-01-31'
	next_day(start_date,day_of_week):返回晚于start_date并符合day_of_week描述的第一个日期。start_date是一个字符串/日期/时间戳。day_of_week是2个字母、3个字母或星期的全名(例如MO、tue、FRIDAY)。start_date的时间部分被忽略	input:next_day('2022-01-15 14:15:16','TU') output:'2022-01-18'
	trunc(date,format):返回截断为指定格式的日期,format支持的格式:MONTH/MON/MM、YEAR/YYYY/YY	input:trunc('2022-01-15 14:15:16','MM') output:'2022-01-01'
	months_between(date1,date2):返回日期date1和date2之间的月数。如果date1晚于date2,则结果为正。如果date1早于date2,则结果为负。如果date1和date2是一个月中的同一天或两个月的最后一天,则结果始终为整数。否则,会根据31天的月份计算结果的小数部分,结果四舍五入到小数点后8位。date1和date2类型可以是日期、时间戳或字符串,格式为'yyyy-MM-dd'或'yyyy-MM-dd HH:mm:ss'	input:months_between('2022-01-15 10:09:08','2022-03-16 06:05:04') output:-2.02679062
	date_format(date/timestamp/string ts,string fmt):将日期/时间戳/字符串转换为指定格式的字符串	input:select date_format('2022-01-15','dd') output:'15'

续　表

函数分类	语法与描述	示例
聚合函数	count(col):统计行数	
	sum(col):统计指定列和	
	avg(col):统计指定列平均值	
	min(col):返回指定列最小值	
	max(col):返回指定列最大值	
拆分函数	collect_set(col):将多行转为一组,消除重复值	input:select collect_set(t.name) from (select 'A' as name union select 'B' as name union select 'C' as name union select 'C' as name) t; output:返回 array['A','B','C']
	collect_list(col):将多行转为一组,不去重	input:select collect_list(t.name) from (select 'A' as name union select 'B' as name union select 'C' as name union select 'C' as name) t; output:返回 array['A','B','C','C']
	explode(array):返回多行 array 中每个元素拆成单独的行	input:select explode(array('A','B','C')) output:返回三行 'A' 'B' 'C'

（1）查看系统自带的函数如下。

hive> show functions;

（2）显示系统函数的用法如下。

hive> desc function upper;

（3）详细显示系统函数的用法如下。

hive> desc function extended upper;

2.2.6 Hive 数据仓库的自定义函数介绍

Hive 本身提供了非常丰富的函数,但有些时候,自带的函数可能无法完全满足需求,或者是希望实现一些比较特殊的功能,这时候就可以通过创建自定义函数(User Defined Functions,UDF)来实现了。

Hive 的自定义函数包括临时 UDF 和永久 UDF 两种,主要区别为:

(1) 如果退出系统,那么临时 UDF 也将消失,如果想要调用,则需要重新创建;而永久 UDF 函数则会一直存在。

(2) 临时 UDF 可以在任意库中直接调用,不受库限制;而如果想要在其他库调用永久 UDF,则需要在函数名前加上库名。

自定义函数 UDF 需要编程实现,其主要构建步骤如下。

(1) 构建实现类,需要继承 org.apache.hadoop.hive.ql.UDF。

(2) 函数的实现体在 evaluate 方法中实现。

(3) 实现类导出成 jar 包。

(4) 通过 Hive 命令行创建 UDF 函数。

(5) 使用 UDF 函数。

下面通过两个示例分别来创建临时函数和永久函数。创建临时函数和永久函数有一部分的步骤是一致的,步骤(5)~(8)是临时函数的构建和使用方法,步骤(9)~(13)是永久函数的构建和使用方法。

(1) 首先创建一个 Maven 工程,如图 2-45、图 2-46 所示。

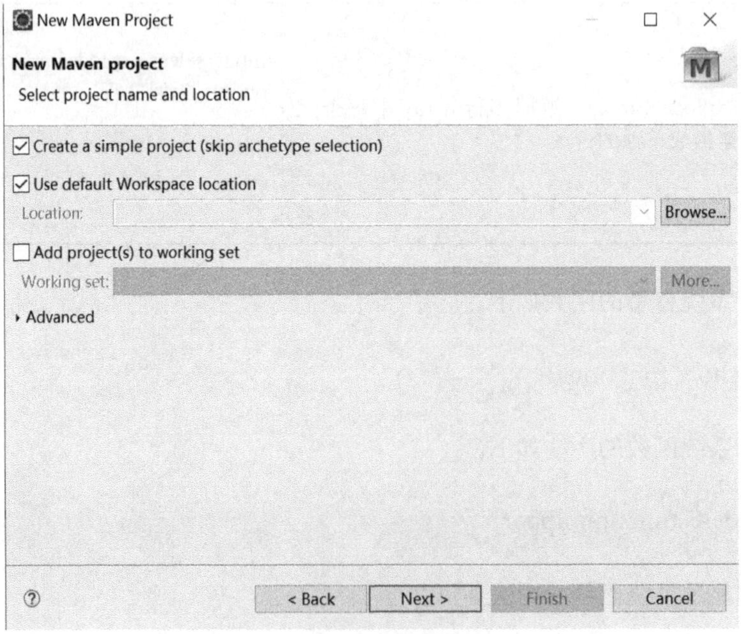

图 2-45 创建 Maven 工程(1)

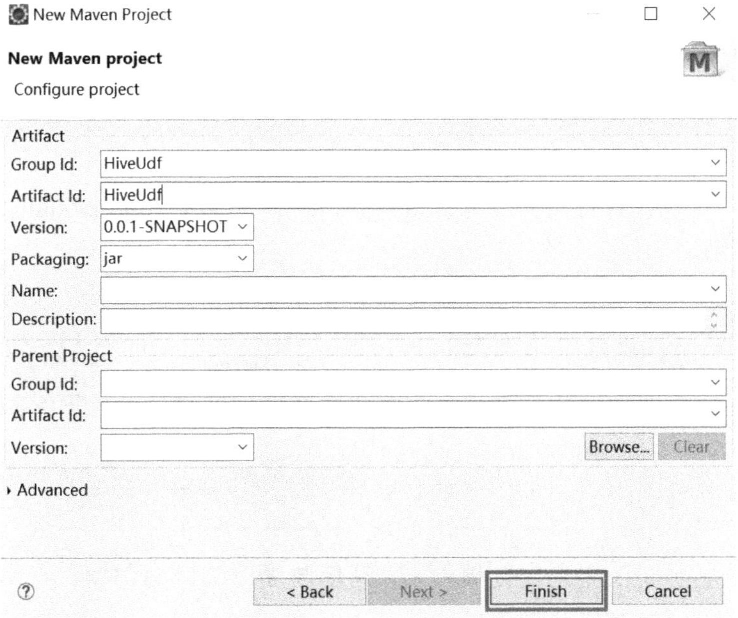

图 2-46 创建 Maven 工程(2)

（2）导入依赖。注意：这里要选择对应的版本。

```
<dependencies>
<!--https://mvnrepository.com/artifact/org.apache.hive/hive-exec-->
<dependency>
<groupId>org.apache.hive</groupId>
<artifactId>hive-exec</artifactId>
<version>2.3.9</version>
</dependency>
</dependencies>
```

（3）构建一个实现类 Lower。该示例函数主要实现将文本格式化成小写输出，实现类 Lower 继承了 org.apache.hadoop.hive.ql.exec.UDF，且重写了 evaluate 方法。

```
package com.example.hive.udf;
import org.apache.hadoop.hive.ql.exec.UDF;
import org.apache.hadoop.io.Text;
public class Lower extends UDF {
public Text evaluate(final Text s) {
if (s==null) {
return null;
```

```
        }
        return new Text(s.toString().toLowerCase());
    }
}
```

(4) 打成 jar 包,名称自定义,例如 my_jar.jar,并上传到/opt/module/data 目录下,如图 2-47 所示。

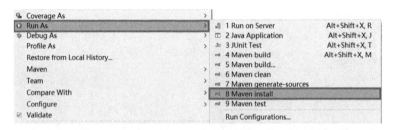

图 2-47　打成 jar 包

创建临时函数如步骤(5)~(8)所示。

(5) 将 jar 包添加到 Hive 的 classpath,如图 2-48 所示。

```
hive> add jar /opt/module/data/my_jar.jar;
hive> list jars;
```

```
hive> add jar /opt/module/data/my_jar.jar;
Added [/opt/module/data/my_jar.jar] to class path
Added resources: [/opt/module/data/my_jar.jar]
```

图 2-48　将 jar 包添加到 Hive 的 classpath

(6) 创建临时函数与开发好的 java class 关联,如图 2-49 所示。

```
hive> create temporary function my_lower as
'com.example.hive.udf.Lower';
```

```
hive> create temporary function my_lower as 'com.example.hive.udf.Lower';
OK
Time taken: 0.027 seconds
```

图 2-49　创建临时函数与开发好的 java class 关联

(7) 使用自定义的临时函数,如图 2-50 所示。

```
hive> select my_lower('ABC');
```

```
hive> select my_lower('ABC');
OK
abc
Time taken: 0.187 seconds, Fetched: 1 row(s)
```

图 2-50 使用自定义的临时函数

如果在其他进程调用,可以看到临时函数无效,如图 2-51 所示。

```
hive> select my_lower('ABC');
FAILED: SemanticException [Error 10011]: Invalid function my_lower
```

图 2-51 临时函数无效

(8) 删除自定义的临时函数如下。

hive> drop temporary function my_lower;

创建永久函数如步骤(9)~(13)所示。

(9) 将自定义永久函数的 jar 包上传到 hdfs 目录下,如图 2-52 所示。

[root@node1 ~]# hdfs dfs -mkdir /user/hive/lib
[root@node1 ~]# hdfs dfs -put /opt/module/data/my_jar.jar /user/hive/lib
[root@node1 hadoop]# hdfs dfs -ls hdfs://node1:9000/user/hive/lib

```
[root@node1 hadoop]# hdfs dfs -ls hdfs://node1:9000/user/hive/lib
Found 1 items
-rw-r--r--   1 root supergroup       3143 2022-01-29 15:25 hdfs://node1:9000/user/hive/lib/my_jar.jar
```

图 2-52 查看 hdfs 目录

(10) 创建永久函数与开发好的 java class 关联,如图 2-53 所示。

hive> create function perm_lower as 'com.example.hive.udf.Lower' using jar 'hdfs://node1:9000/user/hive/lib/my_jar.jar';

```
hive> create function perm_lower as 'com.example.hive.udf.Lower' using jar 'hdfs://node1:9000/user/hive/lib/my_jar.jar';
Added [/tmp/71035732-b99c-4d2a-81b2-74c7da15e11e_resources/my_jar.jar] to class path
Added resources: [hdfs://node1:9000/user/hive/lib/my_jar.jar]
OK
Time taken: 0.157 seconds
```

图 2-53 创建永久函数与开发好的 java class 关联

(11) 使用自定义的永久函数,如图 2-54 所示。

hive> select perm_lower('ABC');

如果在其他进程调用,可以看到永久函数生效了,如图 2-55 所示。

```
hive> select my_lower('ABC');
OK
abc
Time taken: 0.187 seconds, Fetched: 1 row(s)
```

图 2-54 使用自定义的永久函数

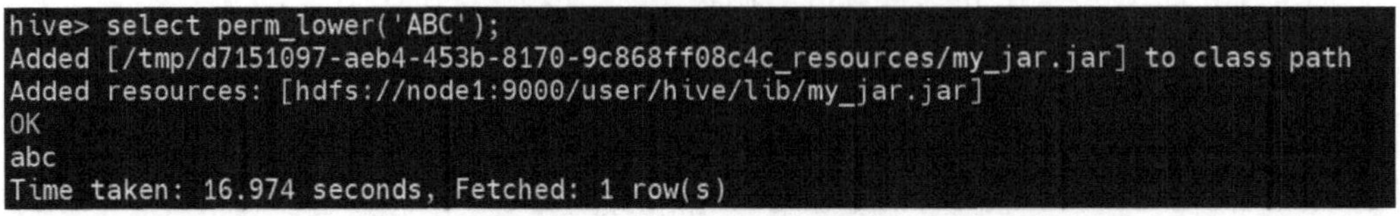

```
hive> select perm_lower('ABC');
Added [/tmp/d7151097-aeb4-453b-8170-9c868ff08c4c_resources/my_jar.jar] to class path
Added resources: [hdfs://node1:9000/user/hive/lib/my_jar.jar]
OK
abc
Time taken: 16.974 seconds, Fetched: 1 row(s)
```

图 2-55 永久函数生效

（12）删除自定义的永久函数如下。

hive> drop function perm_lower;

（13）查看函数，如图 2-56 所示。

hive> show functions like '*lower';

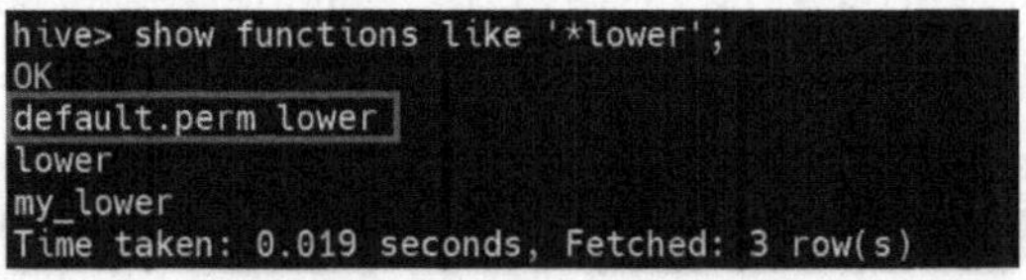

```
hive> show functions like '*lower';
OK
default.perm_lower
lower
my_lower
Time taken: 0.019 seconds, Fetched: 3 row(s)
```

图 2-56 查看函数

2.2.7 任务回顾

（1）Hive 表有两大分类，分别为内部表和外部表，其创建语法不同、有各自的存储特点与适用场景，两者之间可以互相进行转换。

（2）Hive 通过 HQL 提供了丰富的数据操作方法，主要有对常见数据库对象（如表、视图等）进行操作的 DDL，还有日常对数据本身进行操作与统计分析的 DML，其统计分析能力比关系型数据库更丰富、更强大。

（3）Hive 自身提供了非常丰富的内置函数可供使用。

（4）Hive 还支持自定义函数 UDF，在希望实现一些比较特殊的功能时可以使用，是其强大分析能力与灵活性的一个体现。

任务 2.3　Hive 数据仓库加载数据

在本项目接下来的两个任务中,以某个公司的销售数据为例,来讲解 Hive 的实际应用。

2.3.1　数据初始化

首先准备好样例数据,并上传到 Hive 所在机器上的/opt/module/data 目录下,数据的格式为 txt 文本数据,以","为分隔符。

本案例包括客户、产品、订单、订单明细 4 张表,数据文件如图 2-57~图 2-60 所示。

```
ALFKI,三川实业有限公司,刘小姐,大崇明路 50 号,(030) 30074321
ANATR,东南实业,王先生,承德西路 80 号,(030) 35554729
ANTON,坦森行贸易,王炫皓,黄台北路 780 号,(0321) 5553932
AROUT,国顶有限公司,方先生,天府东街 30 号,(0571) 45557788
BERGS,通恒机械,黄小姐,东园西甲 30 号,(0921) 9123465
BLAUS,森通,王先生,常保阁东 80 号,(030) 30058460
BLONP,国皓,黄雅玲,广发北路 10 号,(0671) 88601531
BOLID,迈多贸易,陈先生,临翠大街 80 号,(091) 85552282
BONAP,祥通,刘先生,花园东街 90 号,(078) 91244540
BOTTM,广通,王先生,平谷嘉石大街 38 号,(078) 95554729
BSBEV,光明杂志,谢丽秋,黄石路 50 号,(0571) 45551212
CACTU,威航货运有限公司,刘先生,经七纬二路 13 号,(061) 11355555
CENTC,三捷实业,王先生,英雄山路 84 号,(061) 15553392
CHOPS,浩天旅行社,方先生,白广路 314 号,(030) 30076545
COMMI,同恒,刘先生,七一路 37 号,(030) 35557647
CONSH,万海,林小姐,劳动路 23 号,(071) 45552282
DRACD,世邦,黎先生,光明东路 395 号,(0241) 10391231
DUMON,迈策船舶,王俊元,沉香街 329 号,(056) 40678888
EASTC,中通,林小姐,光复北路 895 号,(030) 35550297
ERNSH,正人资源,谢小姐,临江东街 62 号,(0571) 76753425
```

图 2-57　客户 customer.txt

```
1,苹果汁,每箱 24 瓶,18.00,39
2,牛奶,每箱 24 瓶,19.00,17
3,蕃茄酱,每箱 12 瓶,10.00,13
4,盐,每箱 12 瓶,22.00,53
5,麻油,每箱 12 瓶,21.35,0
6,酱油,每箱 12 瓶,25.00,120
7,海鲜粉,每箱 30 盒,30.00,15
8,胡椒粉,每箱 30 盒,40.00,6
9,鸡,每袋 500 克,97.00,29
10,蟹,每袋 500 克,31.00,31
11,大众奶酪,每袋 6 包,21.00,22
12,德国奶酪,每箱 12 瓶,38.00,86
13,龙虾,每袋 500 克,6.00,24
14,沙茶,每箱 12 瓶,23.25,35
15,味精,每箱 30 盒,15.50,39
16,饼干,每箱 30 盒,17.45,29
17,猪肉,每袋 500 克,39.00,0
18,墨鱼,每袋 500 克,62.50,42
19,糖果,每箱 30 盒,9.20,25
20,桂花糕,每箱 30 盒,81.00,40
```

图 2-58　产品 product.txt

```
10248,VINET,1996-7-4 0:00:00,余小姐,光明北路 124 号
10249,TOMSP,1996-7-5 0:00:00,谢小姐,青年东路 543 号
10250,HANAR,1996-7-8 0:00:00,谢小姐,光化街 22 号
10251,VICTE,1996-7-8 0:00:00,陈先生,清林桥 68 号
10252,SUPRD,1996-7-9 0:00:00,刘先生,东管西林路 87 号
10253,HANAR,1996-7-10 0:00:00,谢小姐,新成东 96 号
10254,CHOPS,1996-7-11 0:00:00,林小姐,汉正东街 12 号
10255,RICSU,1996-7-12 0:00:00,方先生,白石路 116 号
10256,WELLI,1996-7-15 0:00:00,何先生,山大北路 237 号
10257,HILAA,1996-7-16 0:00:00,王先生,清华路 78 号
10258,ERNSH,1996-7-17 0:00:00,王先生,经三纬四路 48 号
10259,CENTC,1996-7-18 0:00:00,林小姐,青年西路甲 245 号
10260,OTTIK,1996-7-19 0:00:00,徐文彬,海淀区明成路甲 8 号
10261,QUEDE,1996-7-19 0:00:00,刘先生,花园北街 754 号
10262,RATTC,1996-7-22 0:00:00,王先生,浦东临江北路 43 号
10263,ERNSH,1996-7-23 0:00:00,王先生,复兴路 12 号
10264,FOLKO,1996-7-24 0:00:00,陈先生,石景山路 462 号
10265,BLONP,1996-7-25 0:00:00,方先生,学院路甲 66 号
10266,WARTH,1996-7-26 0:00:00,成先生,幸福大街 83 号
10267,FRANK,1996-7-29 0:00:00,余小姐,黄河西口大街 324 号
```

```
10248,17,14.00,12
10248,42,9.80,10
10248,72,34.80,5
10249,14,18.60,9
10249,51,42.40,40
10250,41,7.70,10
10250,51,42.40,35
10250,65,16.80,15
10251,22,16.80,6
10251,57,15.60,15
10251,65,16.80,20
10252,20,64.80,40
10252,33,2.00,25
10252,60,27.20,40
10253,31,10.00,20
10253,39,14.40,42
10253,49,16.00,40
10254,24,3.60,15
10254,55,19.20,21
10254,74,8.00,21
```

图 2-59 订单 order.txt　　　　图 2-60 订单明细 order_detail.txt

2.3.2　Hive 数据仓库创建数据库

在 Hive 中创建一个数据库,用于存储数据,指定数据库描述信息,通过 dbproperties 属性指定创建日期,这里使用默认的存储路径。

```
hive> create database if not exists sales
comment 'sales data'
with dbproperties('create_time'='2022-06-01');
```

2.3.3　Hive 数据仓库创建数据表

切换到 sales 数据库,并在该数据库中创建数据表,本案例中均使用内部表。

```
hive> use sales;
```

创建客户表 customer。

```
hive> CREATE TABLE customer(
    cust_id string comment '客户ID',
    cust_name string comment '客户名称',
    contacts string comment '联系人',
    address string comment '客户地址',
    phone string comment '联系电话')
    comment '客户表'
    row format delimited fields terminated by ',';
```

创建产品表 product。

```
hive> CREATE TABLE product(
    product_id string comment '产品ID',
    product_name string comment '产品名称',
    spec string comment '规格',
    price double comment '价格',
    inventory int comment '库存量')
    comment '产品表'
    row format delimited fields terminated by ',';
```

创建订单表 orders。

```
hive> CREATE TABLE orders(
    order_id string comment '订单ID',
    cust_id string comment '客户ID',
    order_date timestamp comment '订单日期',
    supplier string comment '供应商',
    supplier_address string comment '供应商地址')
    comment '订单表'
    row format delimited fields terminated by ',';
```

创建订单明细表 order_detail。

```
hive> CREATE TABLE order_detail(
    order_id string comment '订单ID',
    product_id string comment '产品ID',
    price double comment '价格',
```

```
quantity int comment '数量')
comment '订单明细表'
row format delimited fields terminated by ',';
```

2.3.4 Hive 数据仓库加载数据

将初始化步骤中准备的数据通过 LOAD 语法加载到对应表中,这里需要注意的是,因为是本地文件,需要指定 local 关键字,指定 overwrite 关键字表示加载时数据允许覆盖。

加载数据到客户表 customer。

```
hive> load data local inpath '/opt/module/data/customer.txt' overwrite into table customer;
```

加载数据到产品表 product。

```
hive> load data local inpath '/opt/module/data/product.txt' overwrite into table product;
```

加载数据到订单表 orders。

```
hive> load data local inpath '/opt/module/data/order.txt' overwrite into table orders;
```

加载数据到订单明细表 order_detail。

```
hive> load data local inpath '/opt/module/data/order_detail.txt' overwrite into table order_detail;
```

2.3.5 任务回顾

(1) 数据仓库创建时可以通过 dbproperties 指定相关属性。
(2) 根据数据特点创建表,指定表的属性,例如,上传数据时注意数据格式、分隔符等信息。
(3) 可使用批量方式加载数据,提高效率。

任务2.4 Hive 数据仓库对数据的查询和统计

2.4.1 Hive 数据仓库使用 HQL 进行数据查询

加载完成后,就可以查询数据了,可以看到,数据已被正确加载到 Hive 数据表。

查询客户表数据，如图 2－61 所示。

```
hive> select * from customer;
```

0: jdbc:hive2://192.168.112.10:10000> select * from customer;

customer.cust_id	customer.cust_name	customer.contacts	customer.address	customer.phone
ALFKI	三川实业有限公司	刘小姐	大崇明路 50 号	(030) 30074321
ANATR	东南实业	王先生	承德西路 80 号	(030) 35554729
ANTON	坦森行贸易	王炫皓	黄台北路 780 号	(0321) 5553932
AROUT	国顶有限公司	方先生	天府东街 30 号	(0571) 45557788
BERGS	通恒机械	黄小姐	东园西甲 30 号	(0921) 9123465
BLAUS	森通	王先生	常保阁东 80 号	(030) 30058460
BLONP	国皓	黄雅玲	广发北路 10 号	(0671) 88601531
BOLID	迈多贸易	陈先生	临翠大街 80 号	(091) 85552282
BONAP	祥通	刘先生	花园东街 90 号	(078) 91244540
BOTTM	广通	王先生	平谷嘉石大街 38 号	(078) 95554729
BSBEV	光明杂志	谢丽秋	黄石路 50 号	(0571) 45551212
CACTU	威航货运有限公司	刘先生	经七纬二路 13 号	(061) 11355555

图 2－61　查询客户表数据

查询产品表数据，如图 2－62 所示。

```
hive> select * from product;
```

0: jdbc:hive2://192.168.112.10:10000> select * from product;

product.product_id	product.product_name	product.quantity	product.price	product.inventory
1	苹果汁	每箱24瓶	18.0	39
2	牛奶	每箱24瓶	19.0	17
3	蕃茄酱	每箱12瓶	10.0	13
4	盐	每箱12瓶	22.0	53
5	麻油	每箱12瓶	21.35	0
6	酱油	每箱12瓶	25.0	120
7	海鲜粉	每箱30盒	30.0	15
8	胡椒粉	每箱30盒	40.0	6
9	鸡	每袋500克	97.0	29
10	蟹	每袋500克	31.0	31
11	大众奶酪	每袋6包	21.0	22
12	德国奶酪	每箱12瓶	38.0	86

图 2－62　查询产品表数据

查询订单表数据，如图 2－63 所示。

```
hive> select * from orders;
```

0: jdbc:hive2://192.168.112.10:10000> select * from orders;

orders.order_id	orders.cust_id	orders.order_date	orders.contacts	orders.address
10248	VINET	1996-07-04 00:00:00.0	余小姐	光明北路 124 号
10249	TOMSP	1996-07-05 00:00:00.0	谢小姐	青年东路 543 号
10250	HANAR	1996-07-08 00:00:00.0	谢小姐	光化街 22 号
10251	VICTE	1996-07-08 00:00:00.0	陈先生	清林桥 68 号
10252	SUPRD	1996-07-09 00:00:00.0	刘先生	东管西林路 87 号
10253	HANAR	1996-07-10 00:00:00.0	谢小姐	新成东 96 号
10254	CHOPS	1996-07-11 00:00:00.0	林小姐	汉正东街 12 号
10255	RICSU	1996-07-12 00:00:00.0	方先生	白石路 116 号
10256	WELLI	1996-07-15 00:00:00.0	何先生	山大北路 237 号
10257	HILAA	1996-07-16 00:00:00.0	王先生	清华路 78 号
10258	ERNSH	1996-07-17 00:00:00.0	王先生	经三纬四路 48 号
10259	CENTC	1996-07-18 00:00:00.0	林小姐	青年西路甲 245 号

图 2－63　查询订单表数据

查询订单明细表数据,如图 2-64 所示。

hive> select * from order_detail;

```
0: jdbc:hive2://192.168.112.10:10000> select * from order_detail;
+---------------------+------------------------+---------------------+------------------------+
| order_detail.order_id | order_detail.product_id | order_detail.price | order_detail.quantity |
+---------------------+------------------------+---------------------+------------------------+
| 10248               | 17                     | 14.0                | 12                     |
| 10248               | 42                     | 9.8                 | 10                     |
| 10248               | 72                     | 34.8                | 5                      |
| 10249               | 14                     | 18.6                | 9                      |
| 10249               | 51                     | 42.4                | 40                     |
| 10250               | 41                     | 7.7                 | 10                     |
| 10250               | 51                     | 42.4                | 35                     |
| 10250               | 65                     | 16.8                | 15                     |
| 10251               | 22                     | 16.8                | 6                      |
| 10251               | 57                     | 15.6                | 15                     |
| 10251               | 65                     | 16.8                | 20                     |
| 10252               | 20                     | 64.8                | 40                     |
```

图 2-64　查询订单明细表数据

2.4.2　Hive 数据仓库使用 HQL 进行数据统计分析

数据仓库最重要的功能就是对数据进行统计分析,到目前为止,Hive 数据仓库中数据已经就绪,接下来就可以根据需求进行分析了。

(1) 查询:客户名称、销售日期、产品名称、单价、数量以及金额小计。

```
select
c.cust_name,
TO_DATE(o.order_date) as order_date,
p.product_name,
d.price,
d.quantity,
d.price * d.quantity as subtotal
from customer c
inner join orders o on
c.cust_id=o.cust_id
inner join order_detail d on
d.order_id=o.order_id
inner join product p on
p.product_id=d.product_id;
```

查询结果如图 2-65 所示。

	cust_name	order_date	product_name	price	quantity	subtotal
1	山泰企业	1996-07-04	猪肉	14	12	168
2	山泰企业	1996-07-04	糙米	9.8	10	98
3	山泰企业	1996-07-04	酸奶酪	34.8	5	174
4	东帝望	1996-07-05	沙茶	18.6	9	167.4
5	东帝望	1996-07-05	猪肉干	42.4	40	1,696
6	实翼	1996-07-08	虾子	7.7	10	77
7	实翼	1996-07-08	猪肉干	42.4	35	1,484
8	实翼	1996-07-08	海苔酱	16.8	15	252
9	千固	1996-07-08	糯米	16.8	6	100.8
10	千固	1996-07-08	小米	15.6	15	234
11	千固	1996-07-08	海苔酱	16.8	20	336
12	福星制衣厂股份有	1996-07-09	桂花糕	64.8	40	2,592
13	福星制衣厂股份有	1996-07-09	浪花奶酪	2	25	50
14	福星制衣厂股份有	1996-07-09	花奶酪	27.2	40	1,088
15	实翼	1996-07-10	温馨奶酪	10	20	200
16	实翼	1996-07-10	运动饮料	14.4	42	604.8
17	实翼	1996-07-10	薯条	16	40	640

图 2-65 查询客户名称、销售日期、产品名称、单价、数量以及金额小计

（2）查询：客户名称、销售日期以及采购总额。

```
select
cust_name,
order_date,
sum(subtotal) as total_amount
from
(
select
c.cust_name,
TO_DATE(o.order_date) as order_date,
d.price * d.quantity as subtotal
from
customer c
inner join orders o on
c.cust_id=o.cust_id
inner join order_detail d on
d.order_id=o.order_id) t
group by cust_name,order_date;
```

查询结果如图 2-66 所示。

(3) 查询：客户名称、采购总额并按采购总额的降序排列。

```
select
c.cust_name,
sum(d.price * d.quantity) as total_amount
from
customer c
inner join orders o on
c.cust_id=o.cust_id
inner join order_detail d on
d.order_id=o.order_id
group by c.cust_name
order by total_amount desc;
```

查询结果如图 2-67 所示。

	cust_name	order_date	total_amount
1	一诠精密工业	1996-07-19	1,746.2
2	一诠精密工业	1997-01-07	1,194
3	一诠精密工业	1997-04-16	240
4	一诠精密工业	1997-05-30	1,819.5
5	一诠精密工业	1997-06-26	1,067.1
6	一诠精密工业	1997-09-26	1,768
7	一诠精密工业	1997-12-05	2,310
8	一诠精密工业	1998-01-15	1,007.7
9	一诠精密工业	1998-04-03	1,261
10	一诠精密工业	1998-04-14	744
11	万海	1997-02-04	631.6
12	万海	1997-03-03	156
13	万海	1998-01-23	931.5
14	三川实业有限公司	1998-03-16	538.7
15	三捷实业	1996-07-18	100.8
16	上河工业	1996-09-20	336
17	上河工业	1997-10-17	180.4

图 2-66　查询客户名称、销售日期以及采购总额

	cust_name	total_amount
1	高上补习班	117,483.39
2	大钰贸易	115,673.39
3	正人资源	113,236.68
4	师大贸易	57,317.39
5	学仁贸易	52,245.9
6	实翼	34,101.15
7	五洲信托	32,555.55
8	华科	32,203.9
9	永业房屋	31,745.75
10	留学服务中心	30,226.1
11	椅天文化事业	29,073.45
12	友恒信托	28,722.71
13	通恒机械	26,968.15
14	顶上系统	26,259.95
15	祥通	25,302.45
16	福星制衣厂股份有限公司	24,704.4
17	远东开发	23,611.58

图 2-67　查询客户名称、采购总额并按采购总额的降序排列

(4) 查询：产品名称、销售数量并按销售数量降序排列的前 5 名。

```
select
p.product_name,
sum(d.quantity) as total
from
product p
inner join order_detail d on
```

p.product_id=d.product_id
group by p.product_name
order by total desc limit 5;

查询结果如图 2-68 所示。

	product_name	total
1	鸭肉	1,649
2	花奶酪	1,577
3	光明奶酪	1,496
4	温馨奶酪	1,397
5	白米	1,264

图 2-68　查询产品名称、销售数量并按销售数量降序排列的前 5 名

(5) 查询:产品名称按销售金额小计的降序排序。

select
p.product_name as product_name,
sum(d.quantity * d.price) as total_amount
from
product p
inner join order_detail d on
p.product_id=d.product_id
group by product_name
order by total_amount desc;

查询结果如图 2-69 所示。

	product_name	total_amount
1	绿茶	149,984.2
2	鸭肉	107,248.4
3	光明奶酪	76,296
4	花奶酪	50,286
5	山渣片	49,827.9
6	白米	45,159.2
7	猪肉干	44,742.6
8	猪肉	35,650.2
9	墨鱼	31,987.5
10	烤肉酱	26,865.6
11	酸奶酪	25,738.8
12	柳橙汁	25,079.2
13	黑奶酪	24,307.2
14	桂花糕	23,635.8
15	黄豆	23,009
16	海鲜粉	22,464
17	蟹	22,140.2

图 2-69　查询产品名称按销售金额小计的降序排序

2.4.3 任务回顾

（1）数据加载到表后，可以通过 HQL 对数据表进行查询，语法与 SQL 类似。

（2）通过 Hive 可对数据进行复杂的统计分析，包括但不限于子查询、连接查询、聚集查询、排序、翻页以及可以使用自定义函数 UDF 辅助查询等。

（3）做统计分析前应先厘清业务规则，再进行代码编写。

综合练习

1. 单选题：Hive 的默认计算引擎是什么？（　　）

    A. Spark　　　　　B. HDFS　　　　C. MapReduce　　D. Flume

2. 单选题：Hive 定义一个自定义函数类时，需要继承以下哪个类？（　　）

    A. FunctionRegistry　　　　　　　B. UDF

    C. MapReduce　　　　　　　　　D. HiveMapper

3. 多选题：关于 Hive 与 Hadoop 其他组件的关系，描述错误的是？（　　）

    A. Hive 最终将数据存储在 HDFS 中

    B. Hive SQL 其本质是执行的 MapReduce 任务

    C. Hive 是 Hadoop 平台的数据仓库工具

    D. Hive 对 HBase 有很强的依赖

4. 简答题：简述 Hive 的管理表和外部表的区别与联系。

项目 3　基于 HBase 的电力大数据案例

场景导入

在大数据存储有关的技术中，Hive 一般提供的是离线存储，但是如果需要具备数据库的一般特征，应该怎么做呢？HBase 就是这样一款分布式、可伸缩、列式存储的 NoSQL 数据库，它也是基于 Hadoop 框架，面向交易型场景，提供常用的数据增删改查功能与行级事务功能。尽管 HBase 原生不支持 SQL 的查询语言，但可以通过与第三方框架结合实现类似效果，从而简化操作并降低使用难度。

本项目主要带大家认识 HBase，了解它的概念、主要特点、安装部署等，理解其核心对象组成，以及常见 Shell 命令。除此以外，还介绍了如何和业界流行的第三方组件 Phoenix 整合以简化操作实现类 SQL 的数据操作，最后两个任务结合电力大数据案例讲解 HBase 的实际应用。

通过本项目的学习，鼓励学生培养发散思维，不断激发其勇于探索的创新精神，增强其通过解决问题的实践能力。

知识路径

任务3.1　HBase 的基础概念和安装部署

3.1.1　HBase 的基础概念

在前面的大数据技术介绍的部分，我们了解到 Apache HBase 是一个构建在 HDFS 之上分布式的、可扩展的、面向列存储的非关系型数据库，适用于海量数据的存储和实时读/写访问。

作为一款 NoSQL 数据库，2022 年在数据库领域的排行榜如图 3-1 所示。

Rank May 2022	Rank Apr 2022	Rank May 2021	DBMS	Database Model	Score May 2022	Score Apr 2022	Score May 2021
					394 systems in ranking, May 2022		
1.	1.	1.	Oracle	Relational, Multi-model	1262.82	+8.00	-7.12
2.	2.	2.	MySQL	Relational, Multi-model	1202.10	-2.06	-34.28
3.	3.	3.	Microsoft SQL Server	Relational, Multi-model	941.20	+2.74	-51.46
4.	4.	4.	PostgreSQL	Relational, Multi-model	615.29	+0.83	+56.04
5.	5.	5.	MongoDB	Document, Multi-model	478.24	-5.14	-2.78
6.	6.	↑7.	Redis	Key-value, Multi-model	179.02	+1.41	+16.85
7.	↑8.	↓6.	IBM Db2	Relational, Multi-model	160.32	-0.13	-6.34
8.	↓7.	8.	Elasticsearch	Search engine, Multi-model	157.69	-3.14	+2.34
9.	9.	↑10.	Microsoft Access	Relational	143.44	+0.66	+28.04
10.	10.	↓9.	SQLite	Relational	134.73	+1.94	+8.04
11.	11.	11.	Cassandra	Wide column	118.01	-3.98	+7.08
12.	12.	12.	MariaDB	Relational, Multi-model	111.13	+0.81	+14.44
13.	13.	13.	Splunk	Search engine	96.35	+1.11	+4.24
14.	14.	↑27.	Snowflake	Relational	93.51	+4.06	+63.46
15.	15.	15.	Microsoft Azure SQL Database	Relational, Multi-model	85.33	-0.45	+14.88
16.	16.	16.	Amazon DynamoDB	Multi-model	84.46	+1.55	+14.39
17.	17.	↓14.	Hive	Relational	81.61	+0.18	+5.42
18.	18.	↓17.	Teradata	Relational, Multi-model	68.39	+0.82	-1.59
19.	19.	19.	Neo4j	Graph	60.14	+0.62	+7.91
20.	20.	20.	Solr	Search engine, Multi-model	57.26	-0.48	+6.07
21.	21.	↓18.	SAP HANA	Relational, Multi-model	55.09	-0.71	+2.33
22.	22.	22.	FileMaker	Relational	52.27	-0.64	+5.55
23.	↑24.	↑24.	Google BigQuery	Relational	48.61	+0.63	+10.98
24.			Databricks	Multi-model	47.85		
25.	↓23.	↓21.	SAP Adaptive Server	Relational, Multi-model	47.78	-0.58	-2.19
26.	↓25.	↓23.	HBase	Wide column	43.19	-1.14	-0.05
27.	↓26.	↓25.	Microsoft Azure Cosmos DB	Multi-model	40.22	-0.12	+5.51
28.	↓27.	28.	PostGIS	Spatial DBMS, Multi-model	31.82	-0.23	+1.98
29.	↓28.	29.	InfluxDB	Time Series, Multi-model	29.55	-0.47	+2.38
30.	↓29.	↓26.	Couchbase	Document, Multi-model	28.38	-0.67	-1.85
31.	31.	↑32.	Amazon Redshift	Relational	25.94	-0.24	+3.43
32.	↓30.	↓31.	Firebird	Relational	25.72	-0.92	+1.29
33.	↓32.	↓30.	Memcached	Key-value	24.95	-0.23	+0.45
34.	↓33.	↓33.	Informix	Relational, Multi-model	23.37	-0.13	+0.96
35.	↓34.	35.	Spark SQL	Relational	22.86	-0.22	+3.42
36.	↓35.	↑41.	Microsoft Azure Synapse Analytics	Relational	20.66	+0.57	+7.38

图 3-1　数据库流行度排行榜

HBase 支持行级数据更新、删除、快速查询以及事务操作，一个重要特性是使用了列式存储，提高了压缩率且在点查询（只需要部分列）场景下可极大地提高性能，其中的列可以组织成列族。每行使用了一个唯一键来提供快速读写，每列还可以保留多个版本的数据。HBase 提供了丰富的编程接口，支持 C、C#、C++、Groovy、Java、PHP、Python、Scala 等多种主流编程语言，还可以和多种第三方组件整合，例如，通过 Apache Phoenix 启用 SQL 接口，还可以和 Hive 整合，借助 HQL 访问数据。

HBase 是领先的 NoSQL 分布式数据库管理系统，NoSQL 是指数据库不支持 SQL 作为其主要访问语言，目前市面上也有很多的 NoSQL 数据库，HBase 只是其中一种。HBase 非常适合多云、混合和本地环境部署，它提供持续可用性、高可扩展性、强大的安全性和操作简单性，利用 HBase 技术可在廉价的 PC 服务器上搭建大规模的集群，降低总体成本，推动了当今许多现代业务应用的发展。

越来越多的领域在处理海量数据时开始使用 HBase，如物联网（IoT）、欺诈检测应用程序、推荐引擎、消息传递应用程序、Web 应用程序、机器学习模型服务等；典型客户，如苹果公司（Apple）、赛富时（Salesforce）、塞纳（Cerner）、艾利安人才（Allegis Group）、彭博新闻社（Bloomberg）、汤森路透（Thomson Reuters）、德国电信、华为、小米、阿里等。

3.1.2　HBase 的安装部署

HBase 有 3 种部署模式，分别是本地模式、伪分布式和完全分布式。

本地模式：本地模式一般用于测试或者验证，如新特性的验证、新技术的预研等。

伪分布式：可以认为是只有 1 个节点的特殊分布式模式，在学习过程中或者机器配置有限的情况下可以采用，需要在该节点上先部署 Hadoop。

完全分布式：企业级的部署模式，一般是集群多节点运行，需要先部署 Hadoop 集群。

以下分别介绍不同模式如何部署。部署环境可以为虚拟机，也可以在物理机器上，本节内容以在虚拟机上部署为例。操作系统版本为 Centos 7.6，JDK 版本为 1.8，伪分布式与完全分布式均需要 Hadoop 支持，安装 HBase 前确保 Hadoop 已正常启动，建议 Hadoop 版本为 2.8.3，本节中使用的 HBase 版本为 2.1.0。

1. 本地模式

本地模式可以不需要 Hadoop 支持，它运行在本地文件系统上，而不是 HDFS 上。

1）登录，新建目录

登录虚拟机环境，新建两个目录 /opt/software、/opt/module 分别用于存放软件包和作为软件安装路径。

```
[root@node0 ~]# mkdir /opt/software /opt/module
```

2）准备软件包并解压

将准备好的软件包发送到 /opt/software 目录下，并解压到目录 /opt/module。

```
[root@node0 software]# tar -zxvf hbase-2.1.0-bin.tar.gz -C /opt/module/
```

3）配置环境变量

在文件末尾增加如下内容：

```
[root@node0 software]# vim /etc/profile
#HBASE_HOME
export HBASE_HOME=/opt/module/hbase-2.1.0
export PATH=${HBASE_HOME}/bin:$PATH
```

保存，并使配置生效。

```
[root@node0 module]# source /etc/profile
```

4）配置 HBase（可选）

进入 HBase 配置文件目录。

```
[root@node0 software]# cd /opt/module/hbase-2.1.0/conf/
```

可能需要先编辑 conf/hbase-site.xml 文件去配置 hbase.rootdir，来选择 HBase 将数据写到哪个目录，将 DIRECTORY 替换成用户期望写文件的目录，默认情况下 hbase.rootdir 是指向/tmp/hbase-${user.name}，也就是说会在重启后丢失数据，因为在重启的时候操作系统会清理/tmp 目录。但该步骤是可选的，不配置默认就在/tmp 目录下，可用 ls|grep hbase 命令查看到。

注意：此时就是运行在本地文件系统。

```
<configuration>
  <property>
    <name>hbase.rootdir</name>
    <value>file:///DIRECTORY/hbase</value>
  </property>
</configuration>
```

5）启动 HBase

```
[root@node0 hbase-2.1.0]# bin/start-hbase.sh
```

6）注意事项

如果多次安装，导致启动不成功，可能需要删除/tmp 目录下的 HBase 临时文件解决。

```
[root@node1 tmp]# rm -rf /tmp/hbase-root
```

2. 伪分布式

伪分布模式，需要将 HBase 部署到 Hadoop 环境，这里使用 1 台机器部署，所以首先应确保该节点的 Hadoop 环境正常启动。

1）登录，新建目录

登录虚拟机环境，新建两个目录/opt/software、/opt/module 分别用于存放软件包和作为软件安装路径。

[root@node1 ~]# mkdir /opt/software /opt/module

2）准备软件包并解压

将准备好的软件包发送到/opt/software 目录下，并解压到目录/opt/module。

[root@node1 software]# tar -zxvf hbase-2.1.0-bin.tar.gz -C /opt/module/

3）配置环境变量

在文件末尾增加如下内容：

[root@node1 software]# vim /etc/profile
#HBASE_HOME
export HBASE_HOME=/opt/module/hbase-2.1.0
export PATH=${HBASE_HOME}/bin:$PATH

保存，并使配置生效。

[root@node1 module]#source /etc/profile

4）配置 HBase

进入 HBase 配置文件目录，如图 3-2 所示。

[root@node1 software]# cd /opt/module/hbase-2.1.0/conf/

```
[root@node1 software]# cd /opt/module/hbase-2.1.0/conf/
[root@node1 conf]# ls
core-site.xml                       hbase-env.cmd    hbase-policy.xml   hdfs-site.xml      regionservers
hadoop-metrics2-hbase.properties    hbase-env.sh     hbase-site.xml     log4j.properties
```

图 3-2　HBase 配置文件目录

配置 hbase-env.sh。

[root@node1 conf]# vim hbase-env.sh
export JAVA_HOME=/opt/module/jdk1.8.0_251
export HBASE_MANAGES_ZK=true

配置 hbase-site.xml。

```
[root@node1 conf]# vim hbase-site.xml
        <property>
                <name>hbase.rootdir</name>
                <value>hdfs://node1:9000/hbase</value>
        </property>
        <property>
                <name>hbase.cluster.distributed</name>
                <value>true</value>
        </property>
        <property>
                <name>hbase.master.port</name>
                <value>16000</value>
        </property>
        <property>
                <name>hbase.zookeeper.quorum</name>
                <value>node1:2181</value>
        </property>
        <property>
                <name>hbase.unsafe.stream.capability.enforce</name>
                <value>false</value>
        </property>
```

配置 regionservers。

```
[root@node1 conf]# vim regionservers
```

内容为部署所在节点的机器名，如：

```
node1
```

软连接 Hadoop 配置文件到 HBase。

```
[root@node1 conf]# ln -s
/opt/module/hadoop-2.8.3/etc/hadoop/core-site.xml
/opt/module/hbase-2.1.0/conf/core-site.xml
[root@node1 conf]# ln -s
/opt/module/hadoop-2.8.3/etc/hadoop/hdfs-site.xml
/opt/module/hbase-2.1.0/conf/hdfs-site.xml
```

复制第三方 JAR 包：

```
[root@node1 hbase-2.1.0]# cp /opt/module/hbase-2.1.0/lib/client-facing-thirdparty/* /opt/module/hbase-2.1.0/lib/
```

5）启动 HBase

```
[root@node1 hbase-2.1.0]# bin/start-hbase.sh
```

启动后效果如图 3-3 所示，其中 HBase 的两个进程为 HMaster、HRegionServer；HQuorumPeer 为内置的 ZooKeeper 进程，其他则为 Hadoop 有关的进程。

```
[root@node1 hbase-2.1.0]# jps
4112 NameNode
4466 SecondaryNameNode
4850 NodeManager
5380 HQuorumPeer
5589 HRegionServer
5446 HMaster
6055 Jps
4665 ResourceManager
4271 DataNode
```

图 3-3 查看进程

6）访问 HBase 管理页面

启动成功后，可以通过"host：port"的方式来访问 HBase 管理页面，例如：http://node1 的 ip：16010/master-status，如图 3-4 所示。

图 3-4 HBase 管理页面

3. 完全分布式

在完全分布式场景下，需要在不同节点机器上部署不同的大数据组件，HBase 除了依赖 Hadoop 集群外，还需要分布式协调框架 ZooKeeper 的支持，建议在该集群上独立部署 ZooKeeper，部署 HBase 前确保 Hadoop 集群和 ZooKeeper 集群已正常启动。

首先准备 3 台虚拟机 node1、node2、node3，集群部署规划如表 3-1 所示。

表 3-1 集群部署规划表

节点名称	ZooKeeper	HBase		备注
		Master	RegionServer	
node1	yes	yes	yes	确保 Hadoop 集群已正常启动
node2	yes		yes	
node3	yes		yes	

1）部署 ZooKeeper 集群

ZooKeeper 需要在集群的每个节点运行，为简化操作，可以先在 1 个节点，例如 node1 配置好后，分发即可。

（1）准备软件包并解压。将准备好的软件包发送到 /opt/software 目录下，并解压到目录 /opt/module。

```
[root@node1 software]# tar -zxvf zookeeper-3.4.10.tar.gz -C /opt/module/
```

（2）在节点 node1 配置环境变量，在文件末尾增加如下内容。

```
[root@node1 module]# vim /etc/profile
#ZOOKEEPER_HOME
export ZOOKEEPER_HOME=/opt/module/zookeeper-3.4.10
export PATH=$PATH:$ZOOKEEPER_HOME/bin
```

:wq 保存。

（3）分发配置好的 /etc/profile 到其他节点。

```
[root@node1 module]# for i in {2..3};do scp -r /etc/profile root@node${i}:/etc/;done
```

并在每个节点分别执行，使环境变量生效。

```
source /etc/profile
```

（4）切换到节点 node1，继续配置。

创建数据目录 zkData。

```
[root@node1 ~]# cd /opt/module/zookeeper-3.4.10/
[root@node1 zookeeper-3.4.10]# mkdir zkData
```

（5）配置 zoo.cfg 文件。

在目录 /opt/module/zookeeper-3.4.10/conf 根据 zoo_sample.cfg 复制一个文件为

zoo.cfg,并配置。

```
[root@node1 zookeeper-3.4.10]# cd conf
[root@node1 conf]# cp zoo_sample.cfg zoo.cfg
```

修改数据存储路径配置。

```
dataDir=/opt/module/zookeeper-3.4.10/zkData
```

增加如下配置:

```
server.1=node1:2888:3888
server.2=node2:2888:3888
server.3=node3:2888:3888
```

上述配置的参数解读:
server.A=B:C:D

A 是一个数字,标识这是第几号服务器。

集群模式下需要配置一个文件 myid,这个文件在 dataDir 目录下,里面有一个数据就是 A 的值,ZooKeeper 启动时读取此文件,将读取的数据与 zoo.cfg 里面的配置信息进行比较,从而判断到底是哪个 server。

B 是这个服务器的地址或者机器名。

C 是这个服务器 Follower 与集群中的 Leader 服务器交换信息的端口。

D 是如果 ZooKeeper 集群中的 Leader 服务器宕机了,需要一个端口来重新进行选举,选出一个新的 Leader,而这个端口就是用来执行选举时服务器之间相互通信的备用端口。

(6) 创建服务器编号文件。

在/opt/module/zookeeper-3.4.10/zkData 目录下创建一个 myid 的文件。

```
[root@node1 conf]# cd /opt/module/zookeeper-3.4.10/zkData/
[root@node1 zkData]# vim myid
```

内容为上步骤中 server.A 中 A 的值,例如这里是:

```
1
```

注意,该文件仅用来标志当前节点,其他节点后面应做相应修改。

(7) 在集群其他节点分发配置过的 ZooKeeper。

```
[root@node1 conf]# for i in {2..3};do rsync -va
/opt/module/zookeeper-3.4.10 root@node${i}:/opt/module/;done
```

(8) 逐个修改其他节点的服务器编号文件 myid，并保存。

```
[root@node2 zkData]# vim myid
2
[root@node3 zkData]# vim myid
3
```

(9) 逐个节点启动 ZooKeeper。

```
[root@node1 zookeeper-3.4.10]# zkServer.sh start
[root@node2 zookeeper-3.4.10]# zkServer.sh start
[root@node3 zookeeper-3.4.10]# zkServer.sh start
```

可分别查看状态。如图 3-5～图 3-7 所示。

```
[root@node1 zookeeper-3.4.10]# zkServer.sh status
[root@node2 zookeeper-3.4.10]# zkServer.sh status
[root@node3 zookeeper-3.4.10]# zkServer.sh status
```

```
[root@node1 ~]# zkServer.sh start
ZooKeeper JMX enabled by default
Using config: /opt/module/zookeeper-3.4.10/bin/../conf/zoo.cfg
Starting zookeeper ... STARTED
[root@node1 ~]# zkServer.sh status
ZooKeeper JMX enabled by default
Using config: /opt/module/zookeeper-3.4.10/bin/../conf/zoo.cfg
Mode: follower
```

图 3-5 查看 node1 状态

```
[root@node2 ~]# zkServer.sh start
ZooKeeper JMX enabled by default
Using config: /opt/module/zookeeper-3.4.10/bin/../conf/zoo.cfg
Starting zookeeper ... STARTED
[root@node2 ~]# zkServer.sh status
ZooKeeper JMX enabled by default
Using config: /opt/module/zookeeper-3.4.10/bin/../conf/zoo.cfg
Mode: leader
```

图 3-6 查看 node2 状态

```
[root@node3 ~]# zkServer.sh start
ZooKeeper JMX enabled by default
Using config: /opt/module/zookeeper-3.4.10/bin/../conf/zoo.cfg
Starting zookeeper ... STARTED
[root@node3 ~]# zkServer.sh status
ZooKeeper JMX enabled by default
Using config: /opt/module/zookeeper-3.4.10/bin/../conf/zoo.cfg
Mode: follower
```

图 3-7 查看 node3 状态

可以看到，其中一个节点被选举为 leader 节点，其他为 follower 节点。值得注意的是，该节点是不确定的，是随机选举出来的。

通过 jps 查看进程，可以看到多出来的就是集群状态下 ZooKeeper 的进程，其他节点也会启动该进程，如图 3-8 所示。

```
[root@node1 ~]# jps
2752 SecondaryNameNode
3186 NodeManager
3971 Jps
2469 NameNode
3785 QuorumPeerMain
2590 DataNode
3070 ResourceManager
```

图 3-8 查看进程

2）部署 HBase 集群

首先保证 Hadoop 和 ZooKeeper 集群的正常部署，并启动它。

（1）登录虚拟机环境，新建两个目录/opt/software、/opt/module 分别用于存放软件包和作为软件安装路径。

[root@node0 ~]# mkdir /opt/software /opt/module

（2）准备软件包并解压。将准备好的软件包发送到/opt/software 目录下，并解压到目录/opt/module。

[root@node1 software]# tar -zxvf hbase-2.1.0-bin.tar.gz -C /opt/module/

（3）配置环境变量，在文件末尾增加如下内容。

[root@node1 software]# vim /etc/profile
#HBASE_HOME
export HBASE_HOME=/opt/module/hbase-2.1.0
export PATH=${HBASE_HOME}/bin:$PATH

:wq 保存。

（4）分发配置好的/etc/profile 到其他节点。

[root@node1 module]# for i in {2..3};do scp -r /etc/profile root@node${i}:/etc/;done

并在每个节点分别执行，使环境变量生效。

```
source /etc/profile
```

(5) 配置 HBase。

为简化操作,可以先在 1 个节点配置 HBase,例如 node1 配置好后,分发即可。

进入 HBase 配置文件目录,如图 3-9 所示。

```
[root@node1 software]# cd /opt/module/hbase-2.1.0/conf/
```

```
[root@node1 software]# cd /opt/module/hbase-2.1.0/conf/
[root@node1 conf]# ls
backup-masters   hadoop-metrics2-hbase.properties   hbase-env.sh        hbase-site.xml    log4j.properties
core-site.xml    hbase-env.cmd                                          hbase-policy.xml  hdfs-site.xml    regionservers
```

图 3-9 HBase 配置文件目录

配置 hbase-env.sh。

```
[root@node1 conf]# vim hbase-env.sh
export JAVA_HOME=/opt/module/jdk1.8.0_251
export HBASE_MANAGES_ZK=false
```

配置 hbase-site.xml。

```
[root@node1 conf]# vim hbase-site.xml
        <property>
                <name>hbase.rootdir</name>
                <value>hdfs://node1:9000/hbase</value>
        </property>
        <property>
                <name>hbase.cluster.distributed</name>
                <value>true</value>
        </property>
        <property>
                <name>hbase.master.port</name>
                <value>16000</value>
        </property>
        <property>
                <name>hbase.zookeeper.quorum</name>
                <value>node1:2181,node2:2181,node3:2181</value>
        </property>
        <property>
```

```xml
            <name>hbase.zookeeper.property.dataDir</name>
            <value>/opt/module/zookeeper-3.4.10/zkData</value>
        </property>
        <property>
            <name>hbase.unsafe.stream.capability.enforce</name>
            <value>false</value>
        </property>
```

配置 regionservers。

[root@node1 conf]# vim regionservers

内容如下:

```
node1
node2
node3
```

软连接 Hadoop 配置文件到 HBase。

```
[root@node1 conf]# ln -s
/opt/module/hadoop-2.8.3/etc/hadoop/core-site.xml
/opt/module/hbase-2.1.0/conf/core-site.xml
[root@node1 conf]# ln -s
/opt/module/hadoop-2.8.3/etc/hadoop/hdfs-site.xml
/opt/module/hbase-2.1.0/conf/hdfs-site.xml
```

复制第三方 JAR 包。

```
[root@node1 hbase-2.1.0]# cp
/opt/module/hbase-2.1.0/lib/client-facing-thirdparty/*
/opt/module/hbase-2.1.0/lib/
```

(6) 分发配置好的 HBase 到其他节点。

```
[root@node1 conf]# for i in {2..3}; do rsync -va /opt/module/hbase-2.1.0 root@node${i}:/opt/module/;done
```

(7) 启动集群。HBase 集群在一个节点上即可启动,例如 node1 上。

```
[root@node1 hbase-2.1.0]# start-hbase.sh
```

启动后效果如图 3-10～图 3-12 所示。

```
[root@node1 ~]# jps
2752 SecondaryNameNode
3186 NodeManager
2469 NameNode
5030 Jps
3785 QuorumPeerMain
4425 HRegionServer
4284 HMaster
2590 DataNode
3070 ResourceManager
```

```
[root@node2 ~]# jps
3281 HRegionServer
3794 Jps
2900 QuorumPeerMain
2315 DataNode
2510 NodeManager
```

图 3-10　查看 node1 进程　　　　图 3-11　查看 node2 进程

```
[root@node3 ~]# jps
2292 DataNode
2884 QuorumPeerMain
2492 NodeManager
3228 HRegionServer
3743 Jps
```

图 3-12　查看 node3 进程

(8) 启动成功后,可以通过"host:port"的方式来访问 HBase 管理页面,例如：http://node1 的 ip:16010/master-status,如图 3-13 所示。

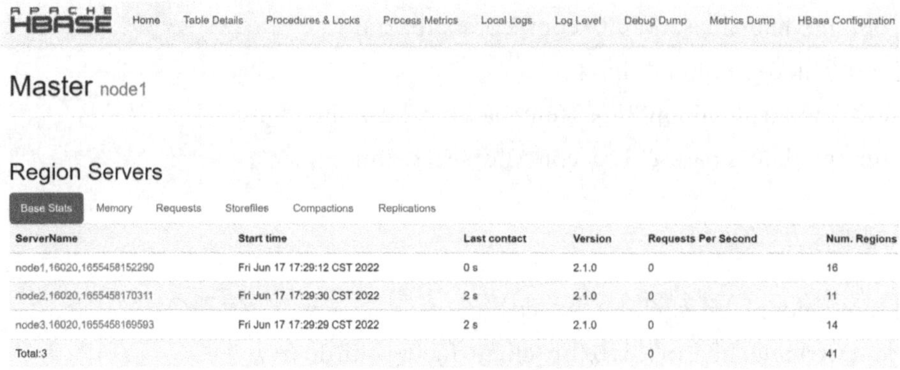

图 3-13　HBase 管理页面

3.1.3　HBase 的系统架构

HBase 的体系结构由 Client、ZooKeeper、HMaster、HRegionServer 等一系列组件组成,如图 3-14 所示。

各组件的主要功能如下。

1. Client

发送读取或写入请求,包含访问 HBase 的接口并维护 cache 来加快对 HBase 的访问。

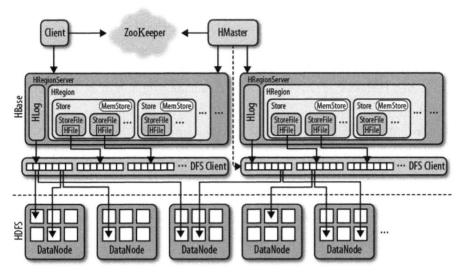

图 3-14 HBase 体系结构图

它首先会访问元数据表 hbase:meta 表查找数据所在的 Region Server 地址,进而访问数据。

2. hbase:meta

hbase:meta 是 HBase 的元数据表(早期版本中称为.META.),是特殊的系统表,在图 3-14 中虽然未标出,但是它非常重要,几乎所有对 HBase 的操作都与之有关,它保存了系统中所有 Region 的信息。hbase:meta 存储在 ZooKeeper 中,主要通过使用 server 和 startcode 的值进行更新。表的结构主要有两个列族 table、info 分别存储表和 Region 的信息。元数据表结构如表 3-2 所示。

表 3-2 HBase 的元数据表结构

列	说　　明
table:state	表的状态
info:regioninfo	当前 Region 的 startKey 与 endKey,name 等消息
info:seqnumDuringOpen	表示 Region 在线时长的一个二进制串
info:server	维护该表的 RegionServer 地址和端口,如 node1:16020
info:serverstartcode	RegionServer 启动 Code,实质上就是 RegionServer 启动的时间戳
info:sn	RegionServer Node,由 server 和 serverstartcode 组成,如 node1,16020,16949de389b6cf15390890 04996176835
info:state	Region 的状态,如 OPEN

3. ZooKeeper

存储 HBase 的元数据,是所有 Region 的寻址入口。

通过 ZooKeeper 的选举机制，保证任何时候，集群中只有一个 Master 是活动状态；实时监控 Region Server 的上线和下线信息，并实时通知 Master。

4. HMaster

在分布式集群中，HMaster 通常运行在 NameNode 上。在高可用 HA（多 HMaster）环境中，如果当前 HMaster 掉线，那么其他的 HMaster 会竞争接管成为活动的 HMaster 角色。

HMaster 负责监控集群中所有的 RegionServer 实例，包括为 RegionServer 分配 Region，负责 RegionServer 的负载均衡，发现失效的 RegionServer 并重新分配其上的 Region；另外它还是所有元数据变化的接口，例如管理用户对 table 的增删改操作。

5. HRegionServer

在分布式集群中，HRegionServer 通常运行在 DataNode 上。HBase 客户端与 HRegionServer 可以直接通信，主要进行数据的管理和 Region 的维护。

RegionServer 维护 Region，处理对这些 Region 的 IO 请求，负责切分在运行过程中变得过大的 Region。

6. HLog(WAL log，预写日志)

预写日志将 HBase 中数据的所有更改记录到基于文件的存储中，WAL 采用了顺序写的方式，因为 HDFS 文件必须是顺序的，生成的文件即为 HLog。在正常情况下，本来是不需要 WAL，因为数据更改从 MemStore 刷写到 StoreFile，但是，如果在刷新 MemStore 之前 RegionServer 崩溃或变得不可用，数据就有可能丢失，WAL 机制确保可以重放对数据的更改。如果写入 WAL 失败，则整个修改数据的操作都会失败。

通常，每个 HRegionServer 只有一个 WAL 实例，一个 HRegionServer 中的所有 Region 共享同一个活动 WAL 文件。

可以禁用 WAL，以提高某些特定情况下的性能。但是，禁用 WAL 会使数据面临一定的风险。建议禁用 WAL 的特殊情况是在批量加载期间，这是因为如果出现问题，可以重新运行批量加载，而不会导致数据丢失。

7. Region

HBase 自动把表水平划分成多个区域(Region)，每个 Region 会保存一个表里面某段连续的数据；每个表一开始只有一个 Region，随着数据不断插入表，Region 不断增大，当增大到一个阈值的时候，Region 就会等分为两个新的 Region（裂变）。

当 Table 中的行不断增多，就会有越来越多的 Region，这样一张完整的表将有可能被保存在多个 RegionServer 上。

Region 是 HBase 中分布式存储和负载均衡的最小单元。

8. MemStore 与 Storefile

一个 Region 由多个 Store 组成，每个 Store 保存一个 Column Family（列族），每个 Strore 物理上又由一个位于内存中的 MemStore 和 0 至多个位于磁盘的 StoreFile（HFile 是其文件格式）组成，如图 3-15 所示。

写操作先写入 MemStore，当 MemStore 中的数据达到某个阈值，HRegionServer 会

 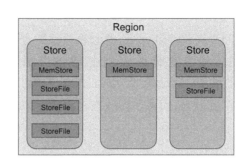

图 3‑15 Store 组成示意图

启动 flash 进程写入 StoreFile，每次写入形成单独的一个 StoreFile。

当 StoreFile 文件的数量增长到一定阈值后，系统会进行合并（minor、major compaction），在合并过程中会进行版本合并和删除工作（majar），形成更大的 StoreFile。

当一个 Region 所有 StoreFile 的大小之和超过一定阈值后，会把当前的 Region 分割为两个，并由 HMaster 分配到相应的 RegionServer 服务器，实现负载均衡。

客户端检索数据时，先在 MemStore 查找，找不到再去 StoreFile 查找。

StoreFile 由数据块组成，数据块是 HBase 中最小的 IO 单元。

3.1.4　任务回顾

（1）HBase 是一个构建在 HDFS 之上的、分布式的、可扩展的、面向列存储的开源数据库，适用于海量数据的存储和实时查询，是一款 NoSQL 数据库。

（2）HBase 有 3 种部署模式，本地模式主要用于测试、技术性验证等，其借助本地文件系统即可运行；但伪分布式和完全分布式模式都需要运行在 Hadoop 之上，故 HBase 安装前要先确保 Hadoop 已部署并正常启动；企业级应用一般都在集群（即完全分布式模式）环境中。

（3）HBase 的体系结构是由 Client、ZooKeeper、HMaster、HRegionServer 等一系列组件组成，每个组件实现不同的功能。

任务3.2　HBase 的核心对象介绍和数据操作

3.2.1　HBase 的核心对象介绍

在 HBase 中，数据存储在具有行和列的表中，这与关系数据库（RDBMS）有相似之处，但这两者表示的含义并不一致，一般来说，HBase 的表可以看作多维映射。

在任务 3.1 中，我们介绍系统架构时对 HBase 的体系结构有了较详细的认识，本任务主要介绍 HBase 的数据模型。

1. 命名空间

命名空间是表的逻辑分组，类似于关系数据库系统中的数据库，可以创建、删除或更改命名空间。命名空间在表创建期间可通过格式＜table namespace＞：＜table qualifier＞来指定。典型的示例如 HBase 的元数据表 hbase：meta，其使用了系统命名空间 HBase。除此以外，如果不特殊指定，HBase 中创建的表默认会存储在 default 命名空间中。

2. 概念视图

如有一个名为 webtable 的示例表，如表 3-3 所示，它包含两行（行键分别为 com. cnn. www 和 com. example. www）和两个名为 contents、anchor 的列族。在此示例中，对于第一行（com. cnn. www），anchor 包含两列（anchor：cssnsi. com，anchor：my. look. ca），contents 包含一列（contents：html）。表 3-3 的示例中包含 5 个版本的带有行键的行 com. cnn. www，以及一个版本的带有行键的行 com. example. www。列 contents：html 限定符包含给定网站的整个 HTML。anchor 每个列都包含链接到由该行行键表示的站点的外部站点，以及它在其链接的锚点中使用的文本。

表 3-3 webtable 的示例表

行键	时间戳	列族 contents	列族 anchor
"com. cnn. www"	t9		anchor：cnnsi. com="CNN"
"com. cnn. www"	t8		anchor：my. look. ca="CNN. com"
"com. cnn. www"	t6	contents：html="＜html＞..."	
"com. cnn. www"	t5	contents：html="＜html＞..."	
"com. cnn. www"	t3	contents：html="＜html＞..."	
"com. example. www"	t5	contents：html="＜html＞..."	

3. 物理视图

在概念视图级别上，表可能被视为一组稀疏的行，但它们是按列族物理存储的。可以随时将新的列限定符（column_family：column_qualifier）添加到现有列族中。对行键为 com. cnn. www 的数据，其物理视图如表 3-4 和表 3-5 所示。

表 3-4 列族 anchor

行键	时间戳	列族 anchor
"com. cnn. www"	t9	anchor：cnnsi. com="CNN"
"com. cnn. www"	t8	anchor：my. look. ca="CNN. com"

表 3-5 列族 contents

行键	时间戳	列族 contents
"com.cnn.www"	t6	contents:html="<html>..."
"com.cnn.www"	t5	contents:html="<html>..."
"com.cnn.www"	t3	contents:html="<html>..."

概念视图的稀疏特性决定了显示的空单元格不存储，这样极大地节省了存储空间。因此，对列为 contents:html，时间戳为 t8 的请求将不返回任何值，同理，对列为 anchor:my.look.ca，时间戳为 t9 值的请求也不返回任何值。但是，如果没有提供时间戳，则将返回特定列的最新值；如果给定多个版本，最新的也是返回第一个版本，因为时间戳是按降序存储的。因此，如果未指定时间戳，则对行 com.cnn.www 中所有列值的请求将返回。

（1）列 contents:html 时间戳 t6 的值。

（2）列 anchor:cnnsi.com 时间戳 t9 的值。

（3）列 anchor:my.look.ca 时间戳 t8 的值。

4. 表 Table

HBase 表由数据行组成，与关系型数据库类似。

5. 行 Row

HBase 中的一行由一个行键（Rowkey）和一个或多个列以及与之关联的单元格的值组成。行在存储时按行键的字典序排序，因此，行键的设计非常重要，目标是以相关行彼此靠近的方式存储数据。常见的行键模式是网站域，如果行键是域，我们应该将它们反向存储（org.apache.www、org.apache.mail、org.apache.jira）。这样，所有行在表中彼此靠近，而不是根据子域的第一个字母分散开。

6. 列 Column

HBase 中的列由列族和列限定符组成，它们由":"（冒号）字符分隔，即一个完整的列名应该表述为列族名:列限定符；HBase 的表在创建时必须指定列族名，但可以不指定列，这与关系型数据库是一个很大的差别。

1）列族 Column Family

列族通常出于性能原因在物理上是一组列及其值的集合。每个列族都有一组存储属性，例如，它的值是否应该缓存在内存中，它的数据是如何压缩的，或者它的行键是如何编码的，等等。表中的每一行都具有相同的列族，尽管给定的行可能不会在给定的列族中存储任何内容。

2）列限定符 Column Qualifier

列限定符可以类比关系型数据库中列的概念，但在 HBase 中，列限定符属于某一确定的列族，不同的列族可以有相同的列限定符。假设给定一个列族 content，一个列限定符是 content:html，另一个则是 content:pdf。尽管列族在表创建时是固定的，但列限定符是可变的、动态的，并且在行之间可能会有很大差异，不同的行在相同的列族下可以有不同的列。

7. 单元格 Cell

单元格是行、列族和列限定符的组合,包含一个值(数据)和一个时间戳,时间戳表示数据的版本;单元格中一个确定的值(数据)由{行键,列族:列限定符,时间戳}三元组唯一确定;单元格中的数据全部以字节码形式存储。

8. 时间戳 Timestamp

时间戳标识了单元格中数据的版本。默认情况下,时间戳表示写入数据时 RegionServer 上的时间,也可以在数据写入单元格时手动指定时间戳。

3.2.2 HBase 的数据操作

1. 基本操作

hbase shell:进入 HBase 客户端。

```
[root@node1 hbase-2.1.0]# hbase shell
```

list:列出所有表。

```
hbase(main):002:0> list
```

help:查看帮助命令,如果后面接参数,则表示查看具体命令的帮助。

```
hbase(main):001:0> help
hbase(main):003:0> help 'scan'
```

2. 数据库对象的管理

create_namespace:创建命名空间,HBase 自带有系统 HBase 和默认 default 两个命名空间,除此以外,可以自定义创建命名空间。

```
hbase(main):002:0> create_namespace "test_ns"
```

list_namespace:列出所有命名空间。

```
hbase(main):003:0> list_namespace
```

describe_namespace:获取命名空间描述。

```
hbase(main):004:0> describe_namespace "default"
```

list_namespace_tables:列出命名空间下的所有表。

```
hbase(main):007:0> list_namespace_tables "default"
```

drop_namespace：删除命名空间。

　　hbase(main):005:0> drop_namespace "test_ns"

create：创建表。
语法如下：
create '命名空间:表名称','列族名 1','列族名 2',…,'列族名 N'
注意：命令如果不指定命名空间，则表示默认 default 表空间。

　　hbase(main):013:0> create 'scores','grade','course'

创建表时列族必须指定，其他参数都有默认值，以下是根据列族参数创建表。

　　hbase(main):014:0>create
'scores',{NAME => 'grade', VERSIONS => 5},{NAME => 'course', VERSIONS=>5}

3. 常见属性的作用

（1）VERSIONS：数据最多能保存的版本数量。

（2）TTL(Time-To-Live)：用于限定数据的超时时间，即每个 Cell 的数据超时时间（当前时间−最后更新的时间）。

（3）MIN_VERSIONS：如果当前存储的所有时间版本都早于 TTL，至少 MIN_VERSION 个最新版本会保留下来。这样确保在查询以及数据早于 TTL 时有结果返回。

只有 HBase 的表设置了 TTL 属性，MIN_VERSION 才会起作用，属性 TTL、MIN_VERSIONS、VERSIONS 的关系如下。

① MIN_VERSION>0 时：

Cell 至少有 MIN_VERSION 个最新版本会保留下来，这样确保在查询以及数据早于 TTL 时有结果返回。

　　create 's',{NAME => 'info', VERSIONS => 4, TTL => 10, MIN_VERSIONS=>2}
　　　　put 's','1001','info:math',1
　　　　put 's','1001','info:math',2
　　　　put 's','1001','info:math',3
　　　　put 's','1001','info:math',4
　　　　put 's','1001','info:math',5
　　　　put 's','1001','info:math',6
　　　　put 's','1001','info:math',7

```
put 's','1001','info:math',8
scan 's',{VERSIONS=>10}
scan 's',{RAW=>true,VERSIONS=>10}
```

在数据插入后,最多有 4 个版本(VERSIONS=>4)的 math 数据,但因为指定了 TTL>10,10 s 后,部分数据版本会被删除,最终仅保留最新 2 个版本(MIN_VERSIONS=>2)的数据,即 7 和 8。

② MIN_VERSION=0 时:

Cell 中的数据超过 TTL 时间时,全部清空,不保留最低版本。

```
create 's1',{NAME=>'info',VERSIONS=>4,TTL=>10}
   put 's1','1001','info:math',1
   put 's1','1001','info:math',2
   put 's1','1001','info:math',3
   put 's1','1001','info:math',4
   put 's1','1001','info:math',5
   put 's1','1001','info:math',6
   put 's1','1001','info:math',7
   put 's1','1001','info:math',8
   scan 's1',{VERSIONS=>10}
   scan 's1',{RAW=>true,VERSIONS=>10}
```

exists:判断表是否存在。

```
hbase(main):011:0> exists "scores"
```

describe:查看表结构(也可直接用缩写 desc)。

```
hbase(main):012:0> describe 'scores'
hbase(main):013:0> desc 'scores'
```

count:统计表的行数。

```
hbase(main):014:0> count 'scores'
```

alter:修改表。

增加或修改表的列族,列族名存在则修改,否则增加该列族。

语法如下:

alter '表名称',参数名=>参数值,...

alter '表名称',{参数名=>参数值,...},{参数名=>参数值,...}...

```
hbase(main):004:0> alter 'scores',NAME=>'course', VERSIONS=>'6'
alter
'scores', {NAME=>'grade', VERSIONS=>'2'}, {NAME=>'course', VERSIONS=>'4'}
```

列族 CF1、CF2 现在不存在,以下语句会新增该列族。

```
hbase(main):008:0> alter 'scores',NAME=>'CF1', VERSIONS=>'6'
hbase(main):009:0> alter 'scores',NAME=>'CF2', VERSIONS=>'8'
```

删除列族,以下两条语句均可。

```
hbase(main):098:0> alter 'scores','delete'=>'CF1'
hbase(main):016:0> alter 'scores',NAME=> 'CF2', METHOD=> 'delete'
```

drop:删除表。
注意:删除前需要使用 disable 将表置为不可用。
语法如下:
disable '表名'
drop '表名'

```
hbase(main):010:0> disable 'scores'
hbase(main):012:0> drop 'scores'
```

enable/disable:使表生效/失效。
只有处于 enable 状态的表才能做数据的增删改查操作。

```
hbase(main):011:0> disable 'scores'
hbase(main):011:0> enable 'scores'
```

4. 表数据的管理
put:添加/修改数据。
语法:put '表名称','行键','列族:列描述符','值'

```
put 'scores','1001','grade','1'
put 'scores','1001','course:art','80'
put 'scores','1001','course:math','89'
put 'scores','1002','grade:','2'
put 'scores','1002','course:art','87'
put 'scores','1002','course:math','57'
put 'scores','1003','course:math','90'
```

修改数据(修改已存在的数据是通过 put 完成的)后查看数据,可以看到几个版本的数据。

```
hbase(main):011:0> put 'scores','1003','course:math','95'
hbase(main):011:0> get
'scores','1003',{COLUMN=>'course:math',VERSIONS=>5}
```

scan:扫描表,批量获取数据。

语法如下:

scan '表名称'

scan '表名称',{COLUMNS=>['列族 1','列族 2',...],参数名=>参数值...}

scan '表名称',{COLUMN=>['列族 1:列名','列族 2:列名',...],参数名=>参数值...}

常用参数有 TIMERANGE、LIMIT、STARTROW、STOPROW、TIMESTAMP、VERSIONS,分别表示时间戳范围、输出数据条数、起始 Rowkey、结束 Rowkey、指定的时间戳、返回的数据版本数等。

注意,如果带了 STOPROW 参数,则数据截止到 STOPROW,不包括 STOPROW 这行数据。

```
hbase(main):031:0> scan 'scores'
scan 'scores',{COLUMNS=>'course',STARTROW=>'1001'}
scan 'scores', {COLUMNS = >'course', STARTROW = >'1001', STOPROW =
>'1001'}
scan 'scores', {COLUMNS = >'course', STARTROW = >'1001', STOPROW =
>'1002'}
scan
'scores',{COLUMNS=>['grade:','course:math'],STARTROW=>'1002',
STOPROW=>'1003'}
scan 'scores',{COLUMN=>['course:math'], VERSIONS=>10}
```

多版本查询示例如下。

```
create 'scores1',{NAME=>'grade'},{NAME=>'course',VERSIONS=>2}
    put 'scores1','1001','grade:','1'
    put 'scores1','1001','course:art','80'
    put 'scores1','1001','course:math','89'
    put 'scores1','1002','grade:','2'
    put 'scores1','1002','course:art','87'
```

```
put 'scores1','1002','course:math','57'
put 'scores1','1002','course:math','61'
put 'scores1','1002','course:math','97'
put 'scores1','1003','course:math','90'
scan 'scores1',{VERSIONS=>10}
scan 'scores1',{RAW=>true,VERSIONS=>10}
flush 'scores1'
scan 'scores1',{RAW=>true,VERSIONS=>10}
```

get：获取单行或指定单元的数据。

获取行的所有单元或者某个指定的单元,都必须指定表名和行键。

语法如下：

get '表名称','行键',{COLUMNS=>['列族名1','列族名2'...],参数名=>参数值...}

get '表名称','行键',{COLUMN=>['列键1','列键2'...],参数名=>参数值...}

```
hbase(main):009:0> get 'scores','1001'
hbase(main):010:0> get 'scores','1001',{COLUMNS=>'course'}
hbase(main):011:0> get 'scores','1001',{COLUMN=>'course:math'}
```

以下查询某学生的数学成绩和年级,注意查了两个列族的数据,两种方法是等价的。

```
hbase(main):034:0> get 'scores','1001',{COLUMN=>['course:math','grade:']}
```

或者

```
hbase(main):026:0> get 'scores','1001','course:math','grade:'
```

delete/deleteall：删除数据。

删除数据,由于数据可以有多个版本,所以有两种删除方式。

delete：删除一个单元的最新版本。

deleteall：删除一行,且删除单元的多个版本。

语法如下：

delete '表名称','行键','列键'

deleteall '表名称','行键'

```
hbase(main):035:0> delete 'scores','1001','course:art'
hbase(main):001:0> deleteall 'scores','1001'
```

以下删除整行(rowkey)会报错。

> hbase(main):037:0> delete 'scores','1001'

注意：执行删除操作后，HBase 并不立即删除数据，而是给数据打上删除标记，在后台大合并 major compaction 进程启动后才会真正删除数据及其标记。

通过添加 RAW 参数可以显示原始记录（原始记录就是包括已经打上标记的所有记录），不过这个参数必须配合 VERSIONS 参数一起使用，其命令格式如下。

> scan '表名',{RAW=>true,VERSIONS=>版本数}

以下语句可以查看当前数据的状态（不适用 truncate）。

> hbase(main):082:0> scan 'scores',{RAW=>true,VERSIONS=>10}

truncate：清空表数据。

> hbase(main):019:0> truncate 'scores'

注意：执行了清空命令后，数据在缓冲区被彻底删掉。

3.2.3 任务回顾

（1）HBase 表的逻辑结构主要由行键、列族、列限定符、时间戳、单元格几部分组成，与关系型数据库差异很大。

（2）HBase 提供了大量丰富的原生 Shell 命令，安装好 HBase 后通过命令行的形式使用这些命令，常见的有基本管理操作、对数据库对象的管理以及对数据的增删改查等操作。

任务 3.3　Phoenix 的安装和部署及对 HBase 的数据操作

3.3.1　Phoenix 的安装和部署

Phoenix 是一个 HBase 的开源 SQL 引擎，它相当于一个 Java 中间件，提供 JDBC 连接，操作 HBase 数据表。我们可以使用标准的 JDBC API 代替 HBase 客户端 API 来创建表，插入数据，查询 HBase 数据；也可以使用类 SQL 语句来操纵 HBase 数据，极大地简化了 HBase 的使用方式。Phoenix 的团队用了一句话概括 Phoenix："We put the SQL back in NoSQL"，意思是我们把 SQL 又放回 NoSQL 去了。这里边的 NoSQL 专指 HBase，也就是可以用 SQL 语句来查询 HBase，而且它只能查 HBase，别的类型都不支持。也正是因为这种专一的态度，让 Phoenix 在 HBase 上查询的性能远远超过了其他组件，如 Hive 和

Impala。

Phoenix 一般只需要部署一个节点,甚至可以部署在独立的服务器;如果 HBase 是集群部署的,则 Phoenix 部署在主节点(Hadoop 的 NameNode 所在的节点)即可,安装 Phoenix 前要确保 HBase 已正常启动。本节中使用的 Phoenix 版本为 5.0.0。

这里以 node1 为例说明其部署的步骤。

1. 准备软件包并解压

将准备好的软件包发送到/opt/software 目录下,并解压到目录/opt/module。

```
[root@node1 software]# tar -zxvf
apache-phoenix-5.0.0-HBase-2.0-bin.tar.gz -C /opt/module/
```

修改解压后的软件包名称。

```
[root@node1 software]# cd /opt/module/
[root@node1 module]# mv apache-phoenix-5.0.0-HBase-2.0-bin
phoenix-5.0.0
```

2. 配置环境变量

在文件末尾增加如下内容。

```
[root@node1 phoenix-5.0.0]# vim /etc/profile
#PHOENIX
export PHOENIX_HOME=/opt/module/phoenix-5.0.0
export PHOENIX_CLASSPATH=$PHOENIX_HOME
export PATH=$PATH:$PHOENIX_HOME/bin
```

:wq 保存。

使环境变量生效。

```
[root@node1 module]# source /etc/profile
```

3. 配置 Phoenix

将/opt/module/phoenix-5.0.0 下的几个 JAR 包复制到 HBase 的 lib 目录下。

```
[root@node1 phoenix-5.0.0]# cp
/opt/module/phoenix-5.0.0/phoenix-5.0.0-HBase-2.0-client.jar
/opt/module/hbase-2.1.0/lib/
[root@node1 phoenix-5.0.0]# cp
/opt/module/phoenix-5.0.0/phoenix-core-5.0.0-HBase-2.0.jar
```

```
/opt/module/hbase-2.1.0/lib/
[root@node1 phoenix-5.0.0]# cp
/opt/module/phoenix-5.0.0/phoenix-5.0.0-HBase-2.0-server.jar
/opt/module/hbase-2.1.0/lib/
```

将 Phoenix 的 bin 目录下配置文件 hbase-site.xml 中的以下内容，追加到 HBase 集群中的配置文件 hbase-site.xml(该配置作用为允许启用二级索引)，并保存。

```
<property>
    <name>hbase.regionserver.wal.codec</name>
    <value>org.apache.hadoop.hbase.regionserver.wal.IndexedWALEditCodec</value>
</property>
```

将 HBase 集群中的配置文件 hbase-site.xml 复制到 Phoenix 的 bin 目录下，覆盖原有的配置文件(覆盖前建议将 Phoenix 目录下 hbase-site.xml 备份)。

```
[root@node1 phoenix-5.0.0]# cp
/opt/module/hbase-2.1.0/conf/hbase-site.xml
/opt/module/phoenix-5.0.0/bin/
```

将 HDFS 集群中的配置文件 core-site.xml、hdfs-site.xml 软连接到 Phoenix 的 bin 目录下。

```
[root@node1 bin]# ln -s
/opt/module/hadoop-2.8.3/etc/hadoop/core-site.xml
/opt/module/phoenix-5.0.0/bin/core-site.xml
[root@node1 bin]# ln -s
/opt/module/hadoop-2.8.3/etc/hadoop/hdfs-site.xml
/opt/module/phoenix-5.0.0/bin/hdfs-site.xml
```

修改/bin 下的 psql.py 和 sqlline.py 两个文件的权限为 777。

```
[root@node1 bin]# chmod 777 psql.py
[root@node1 bin]# chmod 777 sqlline.py
```

4. 如果 HBase 之前已经在运行，安装完 Phoenix，要重启 HBase
在节点 node1 操作即可：

```
[root@node1 hbase-2.1.0]# stop-hbase.sh
[root@node1 hbase-2.1.0]# start-hbase.sh
```

5. 验证 Phoenix 是否安装成功

在 Phoenix 的安装目录下，输入命令启动。

命令格式：./sqlline.py ＜hbase.zookeeper.quorum＞

其中，＜hbase.zookeeper.quorum＞是 HBase 集群的 ZooKeeper 队列地址，对应 IP/hostname 逗号分隔的列表；如果使用 hostname，要确保已经在/etc/hosts 文件中配置了映射关系，如图 3-16 所示。

```
[root@node1 phoenix-5.0.0]# sqlline.py node1:2181
```

```
[root@node1 ~]# sqlline.py node1:2181
Setting property: [incremental, false]
Setting property: [isolation, TRANSACTION_READ_COMMITTED]
issuing: !connect jdbc:phoenix:node1:2181 none none org.apache.phoenix.jdbc.PhoenixDriver
Connecting to jdbc:phoenix:node1:2181
SLF4J: Class path contains multiple SLF4J bindings.
SLF4J: Found binding in [jar:file:/opt/module/phoenix-5.0.0/phoenix-5.0.0-HBase-2.0-client.jar!/org/slf4j/impl/StaticLoggerBinder.class]
SLF4J: Found binding in [jar:file:/opt/module/hadoop-2.8.3/share/hadoop/common/lib/slf4j-log4j12-1.7.10.jar!/org/slf4j/impl/StaticLoggerBinder.class]
SLF4J: See http://www.slf4j.org/codes.html#multiple_bindings for an explanation.
22/06/22 15:41:51 WARN util.NativeCodeLoader: Unable to load native-hadoop library for your platform... using builtin-java classes where applicable
Connected to: Phoenix (version 5.0)
Driver: PhoenixEmbeddedDriver (version 5.0)
Autocommit status: true
Transaction isolation: TRANSACTION_READ_COMMITTED
Building list of tables and columns for tab-completion (set fastconnect to true to skip)...
136/136 (100%) Done
Done
sqlline version 1.2.0
0: jdbc:phoenix:node1:2181>
```

图 3-16　使用 hostname 访问集群

如果是访问集群，则使用 ZooKeeper 的集群地址，如图 3-17 所示。

```
[root@node1 phoenix-5.0.0]# sqlline.py node1,node2,node3:2181
```

```
[root@node1 ~]# sqlline.py node1,node2,node3:2181
Setting property: [incremental, false]
Setting property: [isolation, TRANSACTION_READ_COMMITTED]
issuing: !connect jdbc:phoenix:node1,node2,node3:2181 none none org.apache.phoenix.jdbc.PhoenixDriver
Connecting to jdbc:phoenix:node1,node2,node3:2181
SLF4J: Class path contains multiple SLF4J bindings.
SLF4J: Found binding in [jar:file:/opt/module/phoenix-5.0.0/phoenix-5.0.0-HBase-2.0-client.jar!/org/slf4j/impl/StaticLoggerBinder.class]
SLF4J: Found binding in [jar:file:/opt/module/hadoop-2.8.3/share/hadoop/common/lib/slf4j-log4j12-1.7.10.jar!/org/slf4j/impl/StaticLoggerBinder.class]
SLF4J: See http://www.slf4j.org/codes.html#multiple_bindings for an explanation.
22/06/17 18:12:51 WARN util.NativeCodeLoader: Unable to load native-hadoop library for your platform... using builtin-java classes where applicable
Connected to: Phoenix (version 5.0)
Driver: PhoenixEmbeddedDriver (version 5.0)
Autocommit status: true
Transaction isolation: TRANSACTION_READ_COMMITTED
Building list of tables and columns for tab-completion (set fastconnect to true to skip)...
136/136 (100%) Done
Done
sqlline version 1.2.0
0: jdbc:phoenix:node1,node2,node3:2181>
```

图 3-17　使用 ZooKeeper 的集群地址访问集群

3.3.2　使用 Phoenix 对 HBase 进行数据增删改

Phoenix 采用了类 SQL 的语法，所以大部分操作都比较简单，除了部分特殊的管理命令。

1. 执行！tables 命令

执行！tables 命令，列出所有表到客户端界面，如图 3-18 所示。

```
0: jdbc:phoenix:node1>!tables
```

```
0: jdbc:phoenix:node1:2181> !tables
+------------+-------------+------------+--------------+---------+-----------+-------------------------+-----------------+-------+
| TABLE_CAT  | TABLE_SCHEM | TABLE_NAME | TABLE_TYPE   | REMARKS | TYPE_NAME | SELF_REFERENCING_COL_NAME | REF_GENERATION | INDEX |
+------------+-------------+------------+--------------+---------+-----------+-------------------------+-----------------+-------+
|            | SYSTEM      | CATALOG    | SYSTEM TABLE |         |           |                         |                 |       |
|            | SYSTEM      | FUNCTION   | SYSTEM TABLE |         |           |                         |                 |       |
|            | SYSTEM      | LOG        | SYSTEM TABLE |         |           |                         |                 |       |
|            | SYSTEM      | SEQUENCE   | SYSTEM TABLE |         |           |                         |                 |       |
|            | SYSTEM      | STATS      | SYSTEM TABLE |         |           |                         |                 |       |
+------------+-------------+------------+--------------+---------+-----------+-------------------------+-----------------+-------+
```

图 3-18 查看所有表

2. 退出客户端连接

退出客户端连接，如图 3-19 所示。

```
0: jdbc:phoenix:node1>!exit
```

```
0: jdbc:phoenix:node1:2181> !exit
Closing: org.apache.phoenix.jdbc.PhoenixConnection
```

图 3-19 退出客户端连接

3. 创建表

表名也可以不加双引号，不加则表名默认转换为大写，如果加上双引号，以后对表查询时都要加上双引号。

Phoenix 创建表时必须指定 primary key，以与 HBase 的 Rowkey 相对应。

Phoenix 默认会对 HBase 中的列名做编码处理，具体规则可参考官网链接：https://phoenix.apache.org/columnencoding.html。若不想对列名编码，可在建表语句末尾加上 column_encoded_bytes=0，这样通过 HBase Shell 查看表结构时就可以清楚地看到列名了。

建表和基本数据操作如下。

```
0: jdbc:phoenix:node1>create table stu("id" varchar(20) primary key,"name" varchar(20),"age" integer) column_encoded_bytes=0;
```

列名不加引号也可以，推荐用法如下。

```
0: jdbc:phoenix:node1>create table stu (id varchar(20) primary key,name varchar(20),age integer);
```

4. 插入、修改数据

Phoenix 采用 upsert 命令完成插入和修改数据两种操作，结果如图 3-20 所示。

```
upsert into stu values('1','zhangsan',22);
upsert into stu values('2','lisi',32);
upsert into stu values('3','wangwu',52);
upsert into stu values('4','zhaoliu',12);
upsert into stu values('5','yangqi',43);
upsert into stu values('6','wangwu',32);
upsert into stu values('7','zhaoliu',72);
0: jdbc:phoenix:node1>select * from stu;
```

```
0: jdbc:phoenix:node1:2181> select * from stu;
+-----+----------+------+
| ID  |   NAME   | AGE  |
+-----+----------+------+
| 1   | zhangsan | 22   |
| 2   | lisi     | 32   |
| 3   | wangwu   | 52   |
| 4   | zhaoliu  | 12   |
| 5   | yangqi   | 43   |
| 6   | wangwu   | 32   |
| 7   | zhaoliu  | 72   |
+-----+----------+------+
7 rows selected (0.03 seconds)
```

图 3-20 查询 stu 表

3.3.3 使用 Phoenix 对 HBase 进行数据查询和统计

Phoenix 的查询语法和标准 SQL 几乎也是一致的。

在学生表中查询数据。

```
0: jdbc:phoenix:node1>select * from stu order by age;
0: jdbc:phoenix:node1>select * from stu where name='zhangsan';
0: jdbc:phoenix:node1>select * from stu where name like 'z%';
0: jdbc:phoenix:node1>select * from stu where name like 'zhang___';
```

在查询数据的过程中可以使用 and 或 or 条件进行筛选。

```
0: jdbc:phoenix:node1>select * from stu where name like 'z%' and age=22;
0: jdbc:phoenix:node1>select * from stu where name='zhangsan' or age=12;
```

在学生表中进行分组查询。

```
0: jdbc:phoenix:node1>select name,count(*) from stu group by name having count(*)>1;
0: jdbc:phoenix:node1>select name,sum(age),count(*) from stu group by name;
```

0: jdbc:phoenix:node1>select name,sum(age) from stu group by name having sum(age)>50;
0: jdbc:phoenix:node1>select name,avg(age) from stu group by name;
0: jdbc:phoenix:node1>select name,avg(age) from stu group by name having avg(age)>30;
0: jdbc:phoenix:node1>select name,max(age) from stu group by name;
0: jdbc:phoenix:node1>select name,min(age) from stu group by name;

对学生表中 id 列进行数据类型转化后排序。

0: jdbc:phoenix:node1>select id,name,age from stu order by to_number(id);

在学生表中进行分页显示:每页 2 条记录,显示第 3 页(从第 4 条记录显示到第 6 条)。

0: jdbc:phoenix:node1>select id,name,age from stu order by to_number(id) limit 2 offset 4;

在学生表中进行子查询。

0: jdbc:phoenix:node1>select * from (select name,avg(age) as avgage from stu group by name having avg(age)>30)a order by name desc;
0: jdbc:phoenix:node1>select * from (select name,avg(age) as avgage from stu group by name having avg(age)>30)a where a.avgage>25;

3.3.4　任务回顾

(1) Phoenix 是一个 HBase 的开源 SQL 引擎,它相当于一个 Java 中间件,提供 JDBC 连接,操作 HBase 数据表。可以使用标准的 JDBC API 代替 HBase 客户端 API 来操纵 HBase 数据;也可以使用类 SQL 语句来操纵 HBase 数据,极大地简化了 HBase 的使用方式。

(2) Phoenix 一般只需要部署一个节点,甚至可以部署在独立的服务器,配置好与 HBase(集群)服务的连接即可。

(3) Phoenix 的使用非常简单,语法几乎兼容标准 SQL 语法,所以除了部分特殊的管理命令,大部分操作都比较简单,可以使用 Phoenix 来对 HBase 数据进行增删改以及查询统计等。

任务3.4　HBase 的加载电力大数据

3.4.1　电力大数据业务简介和数据初始化

电力大数据是以全社会用电量作为考察对象，通过对用电量、经济总量等指标数据的变动以及数量之间关联关系进行分析，充分了解经济运行情况，常见的分析维度有以下几个方面。

（1）产业结构用电分析：按区域进行全行业、耗能行业、附加值的用电情况分析挖掘。

（2）地区用电分析：按行业进行经济区域、行政区域的用电量分析挖掘。

（3）行业景气分析（工业用电）：按区域进行工业企业开工率、微工业企业及规模以上工业企业用电量情况分析挖掘。

（4）居民生活用电特性分析：按城乡进行居民用电、居民户均用电、零用电户情况、阶梯电价情况进行关联关系分析挖掘。

（5）电力经济预测：按单位增加值变化情况对用电量进行分析与预测。

本案例以广西的电量数据为例，首先准备好样例数据，并上传到 HBase 所在机器上的/opt/module/data 目录下，以","为分隔符，为了后续批量加载数据方便，数据一般为 csv 格式。

本案例包括工业用电和居民用电两张数据表，数据文件如图 3-21、图 3-22 所示。

```
1,广西,6509,邕宁区,,,,7516,7430,6509,21455,2020-12-01
2,广西,8925,武鸣县,,,8699,8063,8925,25687,2020-04-01
3,广西,9974,良庆区,,,8903,9453,9974,28330,2020-06-01
4,广西,7456,青秀区,,,,6684,5835,7456,19975,2020-03-01
5,广西,8948,上林县,,,7722,5186,8948,21856,2020-10-01
6,广西,8728,兴宁区,,,6015,6243,8728,20986,2020-06-01
7,广西,9921,江南区,广西颐高电子商务产业园,广西*隆冶金有限公司,8981,5480,9921,24382,2020-10-01
8,广西,9299,江南区,南宁鸿基工业园,,8615,5125,9299,23039,2020-05-01
9,广西,7780,西乡塘区,,,7830,9048,7780,24658,2020-08-01
10,广西,6493,邕宁区,,,7436,7891,6493,21820,2020-07-01
11,广西,5143,邕宁区,,,9111,7205,5143,21459,2020-02-01
12,广西,6608,隆安县,,,8686,9811,6608,25105,2020-04-01
13,广西,5342,江南区,南宁鸿基工业园,广西*丹南方金属有限公司,7522,8193,5342,21057,2020-09-01
14,广西,7078,邕宁区,,,7539,6074,7078,20691,2020-05-01
15,广西,5954,江南区,金凯工业园,广西*港钢铁集团有限公司,8664,9167,5954,23785,2020-07-01
```

图 3-21　工业用电 industrial_data.csv 表的部分内容

```
1,广西,6316,隆安县,,6316,2020-10-01
2,广西,6495,马山县,,6495,2020-10-01
3,广西,5100,良庆区,,5100,2020-03-01
4,广西,7856,马山县,,7856,2020-02-01
5,广西,7734,良庆区,,7734,2020-01-01
6,广西,5906,江南区,,5906,2020-12-01
7,广西,7414,江南区,,7414,2020-08-01
8,广西,9257,良庆区,,9257,2020-12-01
9,广西,7161,隆安县,,7161,2020-05-01
10,广西,6424,上林县,,6424,2020-03-01
11,广西,8723,上林县,,8723,2020-01-01
12,广西,6952,上林县,,6952,2020-07-01
13,广西,5110,宾阳县,,5110,2020-10-01
14,广西,8060,青秀区,,8060,2020-04-01
15,广西,9736,武鸣县,,9736,2020-05-01
```

图 3-22 居民用电 resident_data.csv 表的部分内容

3.4.2 加载电力大数据到 HBase 中

将数据加载到 HBase 可以通过 Phoenix 来简化操作,尽管我们可以通过常规 upsert 的方式将数据逐条插入,但是我们可以采用 Phoenix 中效率更高的 psql 批量处理方式,只需要把数据文件准备好,然后批量加载即可。

1. 首先连接到 Phoenix 并创建两张表

```
[root@node1 ~]# sqlline.py node1
```

创建工业用电表 INDUSTRIAL_DATA,如图 3-23 所示。

```
CREATE TABLE IF NOT EXISTS industrial_data (
    id integer not null primary key,
    info.province varchar(255),
    info.city varchar(255),
    info.district varchar(255),
    info.park varchar(255),
    info.company varchar(255),
    info.a_item double,
    info.b_item double,
    info.c_item double,
    info.gross double,
```

```
        info.opdate date
    )column_encoded_bytes=0;
```

```
0: jdbc:phoenix:node1> CREATE TABLE IF NOT EXISTS industrial_data (
. . . . . . . . . . . .>     id integer not null primary key,
. . . . . . . . . . . .>     info.province varchar(255),
. . . . . . . . . . . .>     info.city varchar(255),
. . . . . . . . . . . .>     info.district varchar(255),
. . . . . . . . . . . .>     info.park varchar(255),
. . . . . . . . . . . .>     info.company varchar(255),
. . . . . . . . . . . .>     info.a_item double,
. . . . . . . . . . . .>     info.b_item double,
. . . . . . . . . . . .>     info.c_item double,
. . . . . . . . . . . .>     info.gross double,
. . . . . . . . . . . .>     info.opdate date
. . . . . . . . . . . .> )column_encoded_bytes=0;
No rows affected (2.758 seconds)
```

图 3-23　创建工业用电表

创建居民用电表 RESIDENT_DATA，如图 3-24 所示。

```
CREATE TABLE IF NOT EXISTS resident_data (
    id integer not null primary key,
    info.province varchar(255),
    info.city varchar(255),
    info.district varchar(255),
    info.community varchar(255),
    info.gross double,
    info.opdate date
)column_encoded_bytes=0;
```

```
0: jdbc:phoenix:node1> CREATE TABLE IF NOT EXISTS resident_data (
. . . . . . . . . . . .>     id integer not null primary key,
. . . . . . . . . . . .>     info.province varchar(255),
. . . . . . . . . . . .>     info.city varchar(255),
. . . . . . . . . . . .>     info.district varchar(255),
. . . . . . . . . . . .>     info.community varchar(255),
. . . . . . . . . . . .>     info.gross double,
. . . . . . . . . . . .>     info.opdate date
. . . . . . . . . . . .> )column_encoded_bytes=0;
No rows affected (2.394 seconds)
```

图 3-24　创建居民用电表

可以看到，表已创建成功，如图 3-25 所示。

2. 批量加载数据

psql 命令通过 Phoenix bin 目录中的 psql.py 调用，调用时不需要登录 Phoenix。为

```
0: jdbc:phoenix:node1> !tables
+------------+--------------+----------------+---------------+---------+-----------+------------------------+-----------------+------------+
| TABLE_CAT  | TABLE_SCHEM  | TABLE_NAME     | TABLE_TYPE    | REMARKS | TYPE_NAME | SELF_REFERENCING_COL_NAME | REF_GENERATION | INDEX_STATE|
+------------+--------------+----------------+---------------+---------+-----------+------------------------+-----------------+------------+
|            | SYSTEM       | CATALOG        | SYSTEM TABLE  |         |           |                        |                 |            |
|            | SYSTEM       | FUNCTION       | SYSTEM TABLE  |         |           |                        |                 |            |
|            | SYSTEM       | LOG            | SYSTEM TABLE  |         |           |                        |                 |            |
|            | SYSTEM       | SEQUENCE       | SYSTEM TABLE  |         |           |                        |                 |            |
|            | SYSTEM       | STATS          | SYSTEM TABLE  |         |           |                        |                 |            |
|            |              | EXAMPLE        | TABLE         |         |           |                        |                 |            |
|            |              | INDUSTRIAL_DATA| TABLE         |         |           |                        |                 |            |
|            |              | RESIDENT_DATA  | TABLE         |         |           |                        |                 |            |
+------------+--------------+----------------+---------------+---------+-----------+------------------------+-----------------+------------+
```

图 3-25 查看所有表

了使用它来加载 CSV 数据，它通过提供 HBase 集群的连接信息、要加载数据的表的名称以及 CSV 文件的路径来调用，表 3-6 所列参数可供选择，本例中使用-t 参数指定表名即可。

表 3-6 批量加载数据的参数列表

参数	描 述
-t	表示要加载数据的表的名称。默认情况下，表的名称取自 CSV 文件的名称，此参数区分大小写
-h	覆盖 CSV 数据映射到的列名，并且区分大小写。一个特殊的内联值，指示 CSV 文件的第一行确定数据映射到的列
-s	在严格模式下运行，在 CSV 解析错误时抛出错误
-d	为 csv 解析提供一个或多个自定义分隔符
-q	提供自定义短语分隔符，默认为双引号
-e	提供自定义转义字符，默认为反
-a	提供一个数组分隔符

加载数据到工业用电表 INDUSTRIAL_DATA，如图 3-26 所示。

[root@node1 data]# psql.py -t INDUSTRIAL_DATA 192.168.112.10 /opt/module/data/industrial_data.csv

```
[root@node1 data]# psql.py -t INDUSTRIAL_DATA 192.168.112.10 /opt/module/data/industrial_data.csv
SLF4J: Class path contains multiple SLF4J bindings.
SLF4J: Found binding in [jar:file:/opt/module/phoenix-5.0.0/phoenix-5.0.0-HBase-2.0-client.jar!/org/slf4j/impl/StaticLoggerBinder.class]
SLF4J: Found binding in [jar:file:/opt/module/hadoop-2.8.3/share/hadoop/common/lib/slf4j-log4j12-1.7.10.jar!/org/slf4j/impl/StaticLoggerBinder.class]
SLF4J: See http://www.slf4j.org/codes.html#multiple_bindings for an explanation.
22/06/07 11:24:30 WARN util.NativeCodeLoader: Unable to load native-hadoop library for your platform... using builtin-java classes where applicable
csv columns from database.
CSV Upsert complete. 1000 rows upserted
Time: 2.014 sec(s)
```

图 3-26 加载数据到工业用电表

加载数据到居民用电表 RESIDENT_DATA，如图 3-27 所示。

[root@node1 data]# psql.py -t RESIDENT_DATA 192.168.112.10 /opt/module/data/resident_data.csv

```
[root@node1 data]# psql.py -t RESIDENT_DATA 192.168.112.10 /opt/module/data/resident_data.csv
SLF4J: Class path contains multiple SLF4J bindings.
SLF4J: Found binding in [jar:file:/opt/module/phoenix-5.0.0/phoenix-5.0.0-HBase-2.0-client.jar!/org/slf4j/impl/StaticLoggerBinder.class]
SLF4J: Found binding in [jar:file:/opt/module/hadoop-2.8.3/share/hadoop/common/lib/slf4j-log4j12-1.7.10.jar!/org/slf4j/impl/StaticLoggerBinder.class]
SLF4J: See http://www.slf4j.org/codes.html#multiple_bindings for an explanation.
22/06/07 11:25:23 WARN util.NativeCodeLoader: Unable to load native-hadoop library for your platform... using builtin-java classes where applicable
csv columns from database.
CSV Upsert complete. 1000 rows upserted
Time: 0.907 sec(s)
```

图 3‑27 加载数据到居民用电表

3.4.3 任务回顾

（1）电力大数据是以全社会用电量作为考察对象，通过对用电量、经济总量等指标数据的变动以及数量之间关联关系进行分析，进而充分了解经济运行情况。

（2）根据数据特点通过 Phoenix 创建表，指定表的属性，例如必须有主键（对应到 HBase 表的行键）、字段名前有前缀（对应到 HBase 表的列族名）等。

（3）可使用 Phoenix 的批量方式加载数据文件，提高效率。

任务 3.5　电力大数据的查询和统计

3.5.1 使用 Phoenix 对电力大数据进行基本操作

加载完成后，我们就可以使用 Phoenix 查询数据了，可以看到，数据已被正确加载到 HBase 数据表。

查询工业用电数据，查询结果如图 3‑28 所示。

　　0: jdbc:phoenix:node1> select * from INDUSTRIAL_DATA;

```
0: jdbc:phoenix:node1> select * from INDUSTRIAL_DATA;
+----+----------+------+-----------+--------------------+------------------+--------+--------+--------+---------+-------------------------+
| ID | PROVINCE | CITY | DISTRICT  |        PARK        |     COMPANY      | A_ITEM | B_ITEM | C_ITEM |  GROSS  |          OPDATE         |
+----+----------+------+-----------+--------------------+------------------+--------+--------+--------+---------+-------------------------+
| 1  | 广西     | 6509 | 邕宁区    |                    |                  | 7516.0 | 7430.0 | 6509.0 | 21455.0 | 2020-12-01 00:00:00.000 |
| 2  | 广西     | 8925 | 武鸣县    |                    |                  | 8699.0 | 8063.0 | 8925.0 | 25687.0 | 2020-04-01 00:00:00.000 |
| 3  | 广西     | 9974 | 良庆区    |                    |                  | 8903.0 | 9453.0 | 9974.0 | 28330.0 | 2020-06-01 00:00:00.000 |
| 4  | 广西     | 7456 | 青秀区    |                    |                  | 6684.0 | 5835.0 | 7456.0 | 19975.0 | 2020-03-01 00:00:00.000 |
| 5  | 广西     | 8948 | 上林县    |                    |                  | 7722.0 | 5186.0 | 8948.0 | 21856.0 | 2020-10-01 00:00:00.000 |
| 6  | 广西     | 8728 | 兴宁区    |                    |                  | 6015.0 | 6243.0 | 8728.0 | 20986.0 | 2020-06-01 00:00:00.000 |
| 7  | 广西     | 9921 | 江南区    | 广西颐高电子商务产业园 | 广西*隆冶金有限公司 | 8981.0 | 5480.0 | 9921.0 | 24382.0 | 2020-10-01 00:00:00.000 |
| 8  | 广西     | 9299 | 江南区    | 南宁鸿基工业园     |                  | 8615.0 | 5125.0 | 9299.0 | 23039.0 | 2020-05-01 00:00:0 0.000 |
| 9  | 广西     | 7780 | 西乡塘区  |                    |                  | 7830.0 | 9048.0 | 7780.0 | 24658.0 | 2020-08-01 00:00:00.000 |
| 10 | 广西     | 6493 | 邕宁区    |                    |                  | 7436.0 | 7891.0 | 6493.0 | 21820.0 | 2020-07-01 00:00:00.000 |
```

图 3‑28 查询工业用电数据

查询居民用电数据，查询结果如图 3‑29 所示。

```
0: jdbc:phoenix:node1> select * from RESIDENT_DATA;
```

```
0: jdbc:phoenix:node1> select * from RESIDENT_DATA;
+----+----------+------+-----------+-----------+--------+-------------------------+
| ID | PROVINCE | CITY | DISTRICT  | COMMUNITY | GROSS  | OPDATE                  |
+----+----------+------+-----------+-----------+--------+-------------------------+
| 1  | 广西      | 6316 | 隆安县     |           | 6316.0 | 2020-10-01 00:00:00.000 |
| 2  | 广西      | 6495 | 马山县     |           | 6495.0 | 2020-10-01 00:00:00.000 |
| 3  | 广西      | 5100 | 良庆区     |           | 5100.0 | 2020-03-01 00:00:00.000 |
| 4  | 广西      | 7856 | 马山县     |           | 7856.0 | 2020-02-01 00:00:00.000 |
| 5  | 广西      | 7734 | 良庆区     |           | 7734.0 | 2020-01-01 00:00:00.000 |
| 6  | 广西      | 5906 | 江南区     |           | 5906.0 | 2020-12-01 00:00:00.000 |
| 7  | 广西      | 7414 | 江南区     |           | 7414.0 | 2020-08-01 00:00:00.000 |
| 8  | 广西      | 9257 | 良庆区     |           | 9257.0 | 2020-12-01 00:00:00.000 |
| 9  | 广西      | 7161 | 隆安县     |           | 7161.0 | 2020-05-01 00:00:00.000 |
| 10 | 广西      | 6424 | 上林县     |           | 6424.0 | 2020-03-01 00:00:00.000 |
```

图 3-29 查询居民用电数据

3.5.2 使用 Phoenix 对电力大数据进行统计查询

Phoenix 简化了对 HBase 数据库的操作，它甚至可以实现类似关系型数据库的复杂统计应用。

（1）找出广西自 2020 年 1 月 1 日以来，工业用电量最大的 5 个区。

```
select
t.district,
sum(t.gross) ind_gross
from INDUSTRIAL_DATA t
where
t.opdate >= TO_DATE('2020-01-01', 'yyyy-MM-dd')
group by t.district
order by ind_gross desc
limit 5;
```

查询结果如图 3-30 所示。

```
+----------+-----------+
| DISTRICT | IND_GROSS |
+----------+-----------+
| 马山县    | 1268608.0 |
| 其他区    | 1502673.0 |
| 武鸣县    | 1545652.0 |
| 青秀区    | 1553089.0 |
| 兴宁区    | 1644272.0 |
+----------+-----------+
```

图 3-30 查询广西自 2020 年 1 月 1 日以来工业用电量最大的 5 个区

（2）按城市和区域统计 2020 年居民用电量，并按降序排列。

```
select
r.city,
r.district,
sum(r.gross) as res_gross
from RESIDENT_DATA r
where r.opdate between TO_DATE('2020-01-01','yyyy-MM-dd')
and TO_DATE('2020-12-31','yyyy-MM-dd')
group by r.city,r.district
order by res_gross desc；
```

查询结果如图 3‑31 所示。

```
+-------+-----------+-----------+
| CITY  | DISTRICT  | RES_GROSS |
+-------+-----------+-----------+
| 9217  | 其它区    | 18434.0   |
| 9025  | 隆安县    | 18050.0   |
| 7702  | 江南区    | 15404.0   |
| 7507  | 良庆区    | 15014.0   |
| 7398  | 青秀区    | 14796.0   |
| 7242  | 江南区    | 14484.0   |
| 6551  | 马山县    | 13102.0   |
| 5094  | 武鸣县    | 10188.0   |
| 9999  | 马山县    | 9999.0    |
| 9990  | 隆安县    | 9990.0    |
| 9989  | 青秀区    | 9989.0    |
| 9974  | 武鸣县    | 9974.0    |
| 9967  | 横县      | 9967.0    |
| 9952  | 良庆区    | 9952.0    |
| 9936  | 武鸣县    | 9936.0    |
| 9933  | 宾阳县    | 9933.0    |
| 9927  | 宾阳县    | 9927.0    |
```

图 3‑31 按城市和区域统计 2020 年居民用电量的降序排列

(3) 找出 2020 年工业用电量大于居民用电量的地区。

```
select t.city,t.district,sum(t.gross) as ins_gross,sum(r.gross) as res_gross
from INDUSTRIAL_DATA t
join RESIDENT_DATA r
on t.city=r.city
and t.district=r.district
where t.opdate between TO_DATE('2020-01-01','yyyy-MM-dd') and TO_DATE
('2020-12-31','yyyy-MM-dd')
and r.opdate between TO_DATE('2020-01-01','yyyy-MM-dd') and TO_DATE
('2020-12-31','yyyy-MM-dd')
```

```
group by t.city, t.district
having sum(t.gross)>sum(r.gross)
order by t.city, t.district;
```

查询结果如图 3-32 所示。

```
+----------+------------+-----------+-----------+
| T.CITY   | T.DISTRICT | INS_GROSS | RES_GROSS |
+----------+------------+-----------+-----------+
| 5089     | 上林县     | 21995.0   | 5089.0    |
| 5573     | 江南区     | 17728.0   | 5573.0    |
| 5774     | 马山县     | 24045.0   | 5774.0    |
| 6032     | 江南区     | 22340.0   | 6032.0    |
| 6271     | 其它区     | 18878.0   | 6271.0    |
| 6289     | 马山县     | 25890.0   | 6289.0    |
| 7018     | 宾阳县     | 23053.0   | 7018.0    |
| 7395     | 宾阳县     | 18062.0   | 7395.0    |
| 7479     | 宾阳县     | 23771.0   | 7479.0    |
| 7542     | 江南区     | 22642.0   | 7542.0    |
| 7601     | 武鸣县     | 19456.0   | 7601.0    |
| 7764     | 良庆区     | 20707.0   | 7764.0    |
| 7880     | 西乡塘区   | 25358.0   | 7880.0    |
| 8484     | 横县       | 23352.0   | 8484.0    |
| 8855     | 宾阳县     | 25593.0   | 8855.0    |
| 8980     | 宾阳县     | 27353.0   | 8980.0    |
| 8983     | 马山县     | 21076.0   | 8983.0    |
| 9041     | 兴宁区     | 21894.0   | 9041.0    |
| 9585     | 江南区     | 25355.0   | 9585.0    |
+----------+------------+-----------+-----------+
```

图 3-32　2020 年工业用电量大于居民用电量的地区

3.5.3　任务回顾

（1）数据加载到表后，可以通过 Phoenix 对数据表进行查询，语法与 SQL 类似，极大地简化了操作。

（2）通过 Phoenix 还可对数据进行复杂的统计查询等，包括但不限于子查询、连接查询、聚集查询、排序、翻页等。

综合练习

1. 单选题：以下哪一项不属于 HBase 可以运行的模式？（　　）

　　A．单机（本地）模式

　　B．伪分布式模式

　　C．互联模式

　　D．分布式模式

2. 单选题：启动 HBase 的命令正确的是？（　　）

　　A．./start-hbase.sh

B. ./hbase.sh start

C. ./hbase.sh

D. ./start hbase.sh

3. 单选题：通过 Phoenix 插入数据，可以采用哪个命令？（　　）

A. INSERT

B. INTER

C. UPSERT

D. UPDATE

4. 简答题：简述 HBase 表结构的逻辑组成及各自的作用。

项目 4　使用 JavaWeb 实现大数据统计分析

场景导入

在大数据的离线批处理解决方案中,经常会使用 Hive 作为数据仓库存储海量的用户数据,然后通过定时执行统计分析,将统计结果写入数据库,最后通过 Web 应用对数据库中已经统计过的结果进行数据可视化,这是离线批处理应用的典型方式。因此,作为开发人员应具备 Web 应用开发能力和 Hive 数据仓库的使用能力。

本项目通过回顾 JavaWeb 的开发技能和环境部署,介绍如何快速搭建 Web 开发环境,然后讲解如何对 Hive 数据仓库中的数据进行统计分析后写入 MySQL 数据库,最后使用 JavaWeb 技术对数据库中的结果进行可视化。本项目还介绍了通过 Web 应用和 SpringBoot 访问 HBase 的相关技术,为后续对 HBase 中的数据实现可视化目标打下基础。

本项目一共分为 4 个任务,内容由简单到复杂,层层递进。

通过对本项目的学习,让学生在"学中做,做中学",培养学生的逻辑思维能力,使学生能够形成自己的知识体系。

知识路径

任务 4.1　使用 Linux 脚本定时执行 Hive 的数据统计

什么是 Hive 的定时任务？当客户的数据通过 Hive 数据仓库存储后，需要对 Hive 数据仓库中的数据进行统计和分析，由于实际应用中 Hive 统计分析的数据量很大，所以这个运算过程的时延较长。因此在实际生产过程中，可以通过定时执行周期查询统计工作（例如，在每天凌晨 1:00 开始执行计算，将前一天的业务数据进行统计），然后把查询统计结果写入数据库表中，由于经过 Hive 统计后的结果是已经经过大量的计算再写入数据库表，因此用户的程序再访问数据库可以直接展现结果或者再做少量操作后呈现结果，用户通过这种方式很快能得到结果，因此规避了 Hive 运行时间长的弱点。

使用 Hive 做离线数据统计，耗费时间长，可以隔一段时间统计一次，根据业务的不同，有些业务可能一天统计一次，有的业务可能一小时统计一次，要实现按照一定的时间间隔进行统计，就需要调度程序。在定时执行 Hive 的统计工作时，有很多种方法，同时对 Hive 的统计也不止一种方式，大数据核心生态的 Sqoop 经常应用在大数据集群中的数据与传统的数据库之间互相传输，本项目通过执行 Linux 的定时任务，定时执行 Shell 脚本，Shell 脚本调用用户编写好的程序执行对 Hive 的统计，然后在程序中通过代码写入数据库中，这种方式通过编程实现对 Hive 的访问，在代码中可以进行数据的简单处理，如过滤、清洗等，再写入数据库，这种方式更加灵活，特别是当目标数据库为非主流数据库时，并且写入 Hive 前进行数据处理的场景，具体操作请参考 Sqoop 的官网实现。

4.1.1　使用 Linux 脚本定时执行脚本

本节使用 crontab 定时执行任务。crontab 是一个命令，常见于 Unix 和类 Unix 操作系统之中，用于设置周期性执行的指令。该命令从标准输入设备读取指令，并将其存放于 crontab 文件中，以供之后读取和执行。在本节中，我们先介绍一下 crontab 命令的使用，然后创建定时任务，每隔 1 分钟定时运行，成功后，调整时间间隔即可。

1. 准备工作

创建 Java 项目文件，编写程序测试定时脚本的运行效果，如图 4-1～图 4-6 所示。

可视化大数据

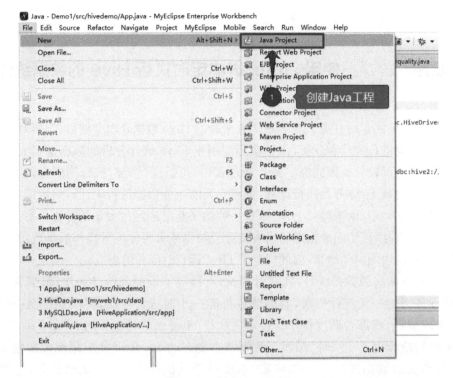

图 4-1 创建 Java 工程

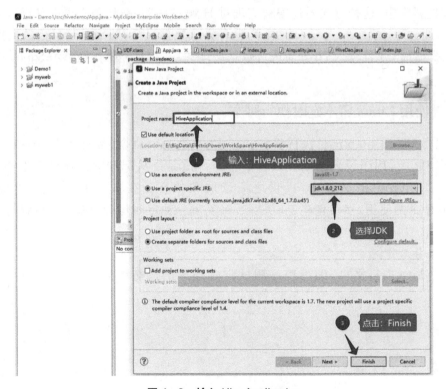

图 4-2 输入 HiveApplication

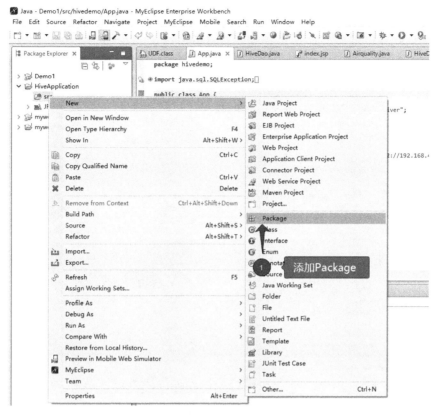

图 4-3 添加 Package

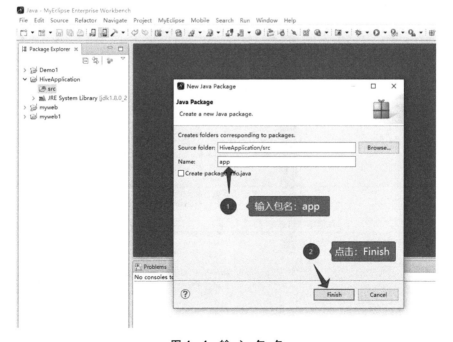

图 4-4 输 入 包 名

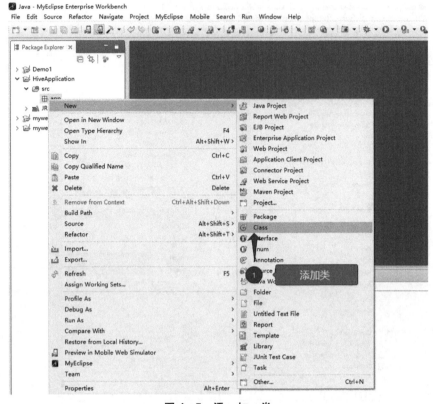

图 4-5 添 加 类

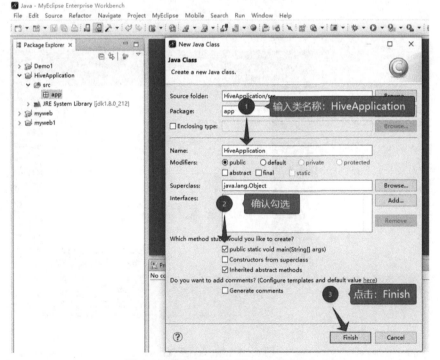

图 4-6 输入类名称 HiveApplication

2. 编写 Java 程序

添加类:HiveApplication,见代码 4-1。

代码 4-1　添加类:HiveApplication

```
package app;
import java.util.Date;
public class HiveApplication {
public static void main(String[] args) {
Date d=new Date();
System.out.println(d.toString()+",hello hive!");
}
}
```

程序编写完成后,导出 JAR 包,如图 4-7～图 4-14 所示。

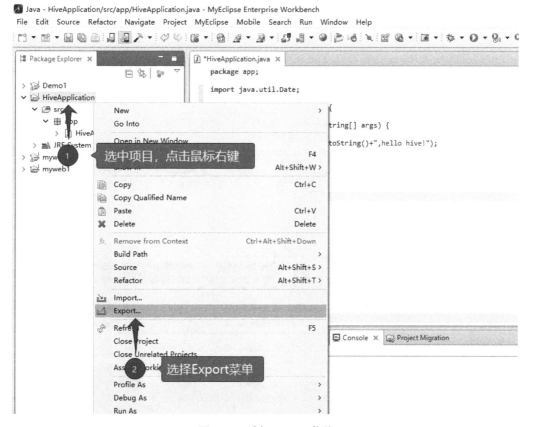

图 4-7　选择 Export 菜单

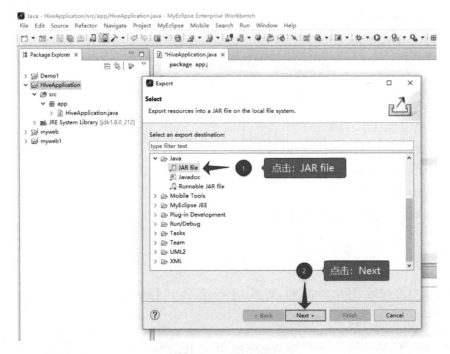

图 4-8　点击 JAR file

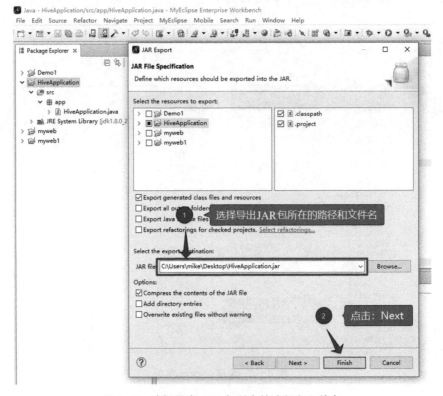

图 4-9　选择导出 JAR 包所在的路径和文件名

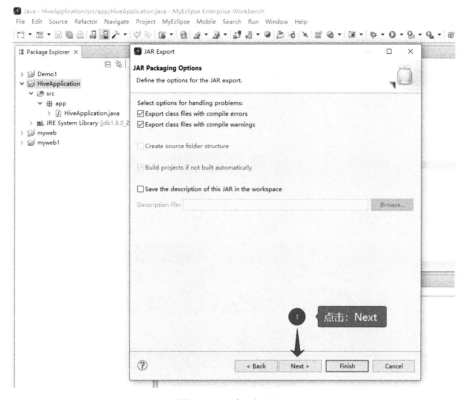

图 4-10　点击 Next

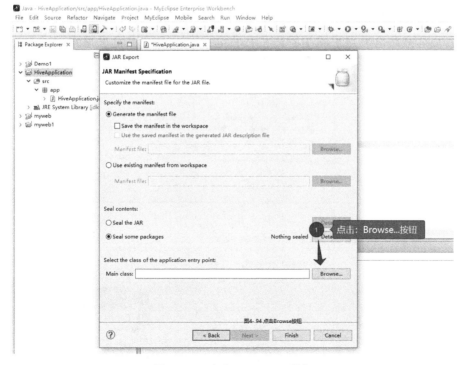

图 4-11　点击 Browse... 按钮

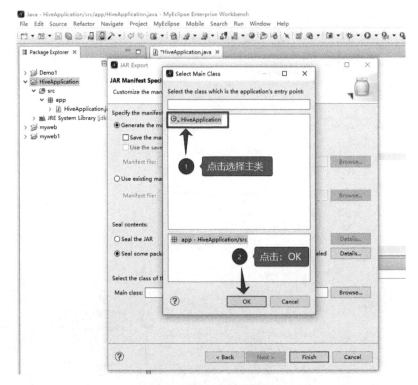

图 4-12　点击选择主类

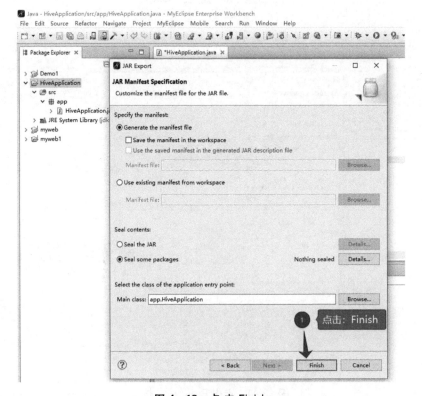

图 4-13　点击 Finish

图 4-14 生成 HiveApplication.jar

生成 HiveApplication.jar 后,把该文件上传到 Linux 主机的/root/software 目录下,如图 4-15 所示。

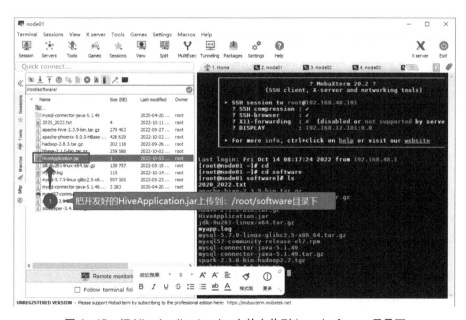

图 4-15 把 HiveApplication.jar 文件上传到/root/software 目录下

进行到这一步,准备工作就完成了。

3. 创建 Linux 定时任务

(1) 需要执行的测试程序完成后,开始准备创建 Linux 定时任务,可以先测试一下是否已经安装 crontabs 服务,如果没有安装 crontabs 服务,请先安装 crontabs 服务;确保 Linux 主机联网,通过 yum 安装 crontabs 服务并设置开机自启。

```
yum install crontabs
systemctl enable crond
systemctl start crond
```

(2) 编写 Shell 脚本,在脚本中执行 Java 程序,代码如下。

vim /root/software/myjavaapp.sh

```
#!/bin/sh
export JAVA_HOME=/usr/lib/jvm/jdk
export PATH=$JAVA_HOME/bin:$PATH
export CLASSPATH=.:$JAVA_HOME/lib/dt.jar:$JAVA_HOME/lib/tools.jar
cd /root/software
java -jar HiveApplication.jar
```

代码截图如图 4-16 所示。

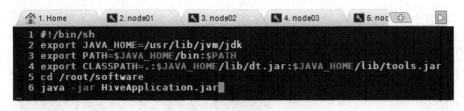

图 4-16 编写 Shell 脚本

(3) 编辑定时任务命令:crontab -e。

```
#每 1 分钟即执行一次
*/1 * * * * sh /root/software/myjavaapp.sh >> /root/software/myapp.log 2>&1
```

代码截图如图 4-17 所示。

简介 crontab 的时间格式:

f1 f2 f3 f4 f5 program,其中 f1 表示分钟,f2 表示小时,f3 表示一个月份中的第几日,f4 表示月份,f5 表示一个星期中的第几天,program 表示要执行的程序。

当 f1 为 * 时,表示每分钟都要执行 program;f2 为 * 时,表示每小时都要执行 program,以此类推。

当 f1 为 $a-b$ 时,表示从第 a 分钟到第 b 分钟这段时间内要执行;f2 为 $a-b$ 时,表

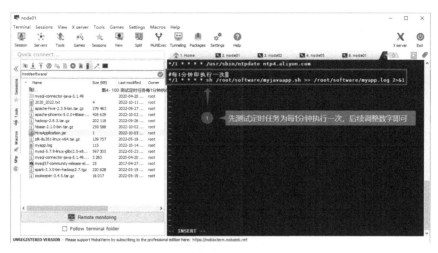

图 4-17　测试定时任务每 1 分钟执行一次

示从第 a 小时到第 b 小时都要执行，以此类推。

当 f1 为 */n 时，表示每 n 分钟间隔执行一次；f2 为 */n 时，表示每 n 小时间隔执行一次，以此类推。

当 f1 为 $a,b,c,……$ 时，表示第 $a,b,c,……$ 分钟要执行；f2 为 $a,b,c,……$ 时，表示第 $a,b,c……$ 个小时要执行，以此类推。

4. 查看测试结果

当定时任务成功创建并定时运行 HiveApplication 程序后，可以在 :/root/software 目录下查看生成的日志文件，如图 4-18 所示。

图 4-18　/root/software 目录下查看生成的日志文件

执行命令：cat /root/software/myapp.log 可以看到每隔 1 分钟都写入了日志，如图 4-19 所示。

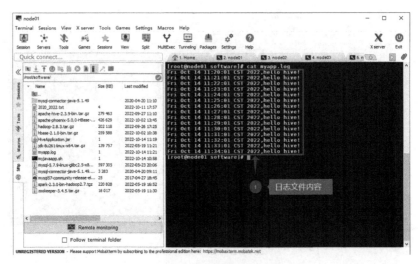

图 4-19 查看日志

4.1.2 使用 Linux 脚本定时执行 Hive 查询并写入数据库

1. 准备工作

通过 Linux 定时执行测试程序完成后,我们需要修改测试程序,让测试程序实现连接 Hive 并发送查询统计的 HQL 请求,然后把返回的结果不断刷新写入 MySQL 数据库中,本次我们使用的 MySQL 数据库已经创建了一个名为 test 的数据库,在 test 数据库中创建数据表,数据表的建表 SQL 语句如下。

```sql
CREATE TABLE 'HiveReport' (
  'ID' int(11) NOT NULL AUTO_INCREMENT,
  'year' varchar(10) DEFAULT NULL,
  'thermal_power' double(16,2) DEFAULT NULL,
  'hydro_power' double(16,2) DEFAULT NULL,
  'wind_power' double(16,2) DEFAULT NULL,
  'solar_energy' double(16,2) DEFAULT NULL,
  'nuclear_power' double(16,2) DEFAULT NULL,
  PRIMARY KEY ('ID')
) ENGINE=MyISAM DEFAULT CHARSET=utf8
```

创建数据表的步骤如图 4-20 所示。

通过定时执行对 Hive 的统计,把结果写入数据库,最后通过 Web 应用展现给用户数据分析结果,这样就实现了离线批处理的核心业务。

2. 编写程序

连接 Hive 并发送 HQL 返回查询结果,前面的内容已经介绍,可以参考前面的操作过

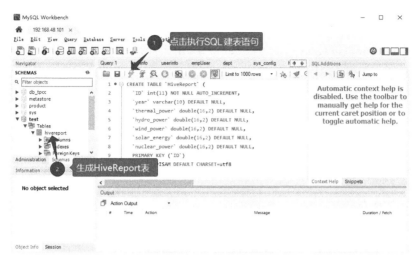

图 4-20　创 建 数 据 表

程,导入 Hive 的相关 JAR 包,由于本项目需要把 Hive 统计的结果写入 MySQL,因此项目中需要加入 MySQL 的驱动 JAR 包,否则项目将不能连接到 MySQL 数据。

然后修改 HiveApplication 项目的代码,添加 ElectricityPower 类,该类属于实体类,用于存储对象数据,见代码 4-2。

代码 4-2　添加 ElectricityPower 类

```
package app;

public class ElectricityPower {
    private String year;
    private double thermal_power;
    private double hydro_power;
    private double wind_power;
    private double solar_energy;
    private double nuclear_power;

    public String getYear() {
        return year;
    }
    public void setYear(String year) {
        this.year=year;
    }
    public double getThermal_power() {
        return thermal_power;
```

```java
}
public void setThermal_power(double thermal_power){
this.thermal_power=thermal_power;
}
public double getHydro_power(){
return hydro_power;
}
public void setHydro_power(double hydro_power){
this.hydro_power=hydro_power;
}
public double getWind_power(){
return wind_power;
}
public void setWind_power(double wind_power){
this.wind_power=wind_power;
}
public double getSolar_energy(){
return solar_energy;
}
public void setSolar_energy(double solar_energy){
this.solar_energy=solar_energy;
}
public double getNuclear_power(){
return nuclear_power;
}
public void setNuclear_power(double nuclear_power){
this.nuclear_power=nuclear_power;
}
}
```

添加 MySQLDao 类,该类的作用是用于访问 MySQL 数据库,见代码 4-3。

代码 4-3　添加 MySQLDao 类

```java
package app;
import java.sql.*;
public class MySQLDao{
```

```java
    Connection conn=null;
        Statement stmt=null;
        public MySQLDao(){
        try{
        Class.forName("com.mysql.jdbc.Driver");
            conn=DriverManager.getConnection("jdbc:mysql://192.168.48.101:3306/test","root","888");
            stmt=conn.createStatement();
            String sql="delete from HiveReport";//先清空数据表确保添加的数据为最新的数据
            int cnt=stmt.executeUpdate(sql);

            if(cnt>=0)
                System.out.println("HiveReport 表已经清空");
        }catch(Exception ex){
        System.out.println(ex.getMessage());
    }
        }


    public boolean SaveData(String year,double thermalPower,double hydroPower,windPower,double solarEnergy,double nuclearPower){
    boolean res=false;
    try{
        String sql="insert into HiveReport(year,thermal_power,hydro_power,wind_power,solar_energy,nuclear_power) values('"+year+"',"+thermalPower+","+hydroPower+","+windPower+","+solarEnergy+","+nuclearPower+")";
        int cnt=stmt.executeUpdate(sql);
        if(cnt>0) res=true;
    }catch(Exception ex){
    System.out.println(ex.getMessage());
    }
    return res;
    }
    }
```

修改类：HiveApplication，该类的作用是访问 Hive 数据仓库，将统计的结果调用 MySQLDao 类的对象，通过调用 MySQLDao 对象的 SaveData 方法把结果写入 MySQL

数据库,见代码 4-4。

代码 4-4 调用 MySQLDao 对象的 SaveData 方法把结果写入 MySQL 数据库

```java
package app;
import java.sql.*;
public class MySQLDao{
Connection conn=null;
    Statement stmt=null;
    public MySQLDao(){
    try{
     Class.forName("com.mysql.jdbc.Driver");
        conn=
DriverManager.getConnection("jdbc:mysql://192.168.48.101:3306/test","root","123");
        stmt=conn.createStatement();
        String sql="delete from HiveReport";//先清空数据表确保添加的数据为最新的数据
        int cnt=stmt.executeUpdate(sql);
        if(cnt>=0)
        System.out.println("HiveReport 表已经清空");
    }catch(Exception ex){
    System.out.println(ex.getMessage());
}
    }
    public boolean SaveData(String year,double thermalPower,double hydroPower,double windPower,double solarEnergy,double nuclearPower){
    boolean res=false;
    try{
        String sql="insert into HiveReport(year,thermal_power,hydro_power,wind_power,solar_energy,nuclear_power) values ('"+year+"',"+thermalPower+","+hydroPower+","+windPower+","+solarEnergy+","+nuclearPower+")";
        int cnt=stmt.executeUpdate(sql);
        if(cnt>0) res=true;
    }catch(Exception ex){
    System.out.println(ex.getMessage());
```

}
　　return res;
}
}

整个工程截图如图 4-21~图 4-23 所示。

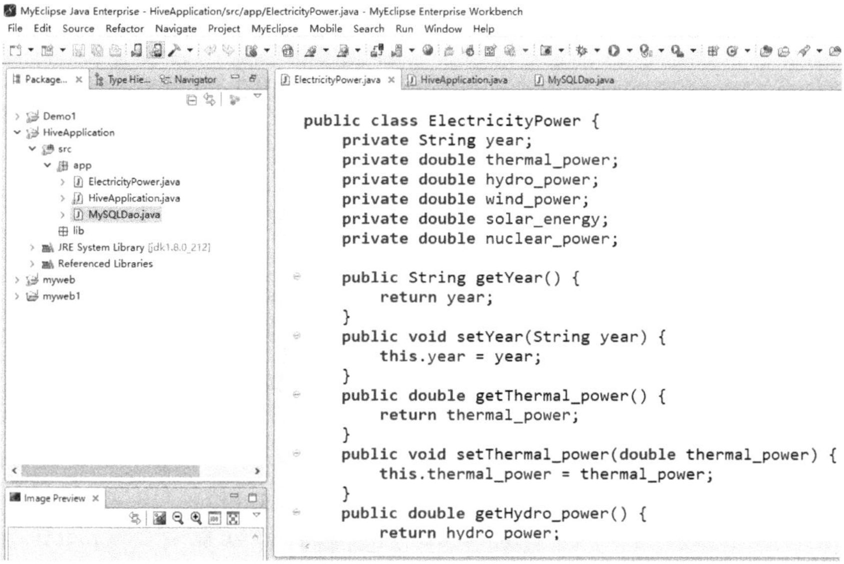

图 4-21　项　目　工　程

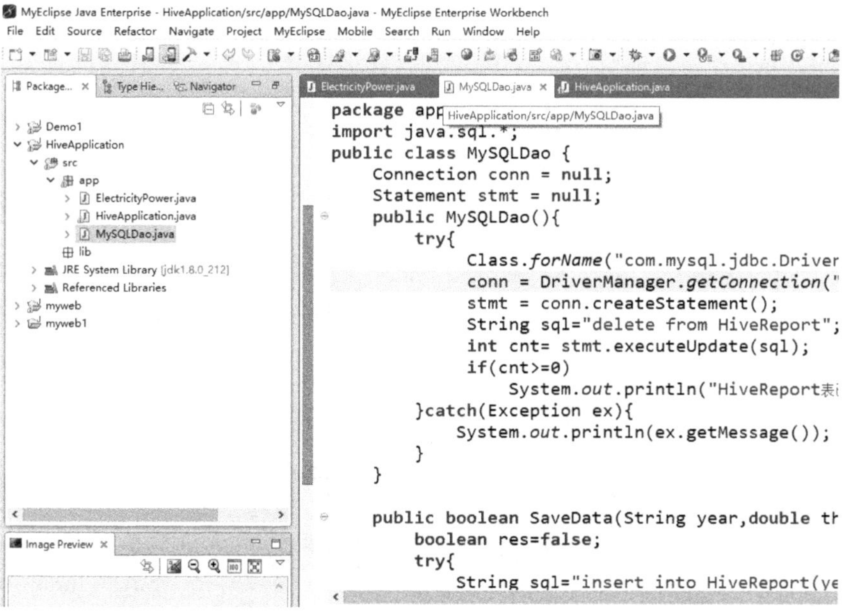

图 4-22　MySQLDao 代码

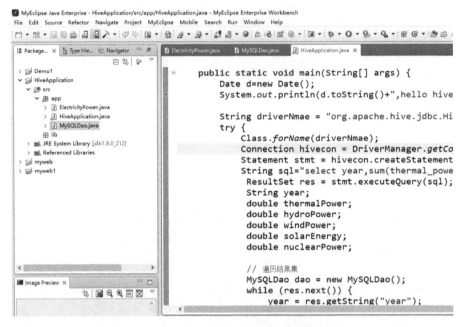

图 4-23　HiveApplication 代码

先启动 Hive 的 ThriftServer 服务：进入 /usr/bigdata/hive/bin/ 目录下，执行命令：./hive --service hiveserver2，启动后不要关闭窗口，确保启动过程中没有报错。

然后运行程序，程序将访问 Hive 数据仓库，将统计结果写入 MySQL 数据库的 HiveReport 表中，运行完成后，可以查询 MySQL 数据库的 HiveReport 表，结果如图 4-24 所示。

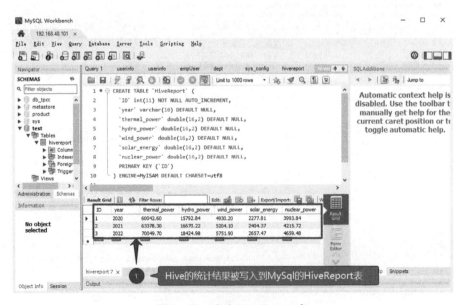

图 4-24　查询 HiveReport 表

程序运行无误后,将工程项目导出为 JAR 包,注意:此时导出类型为 Runnable JAR file,过程如图 4-25~图 4-28 所示。

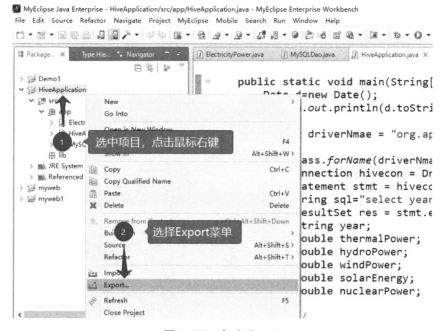

图 4-25　点击 Export

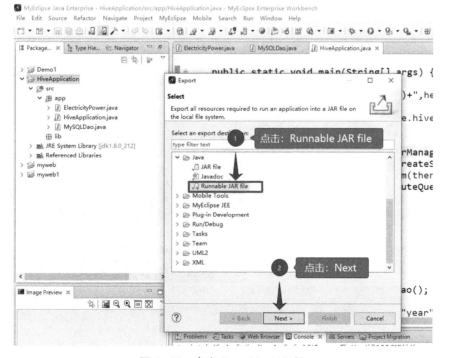

图 4-26　点击 Runnable JAR file

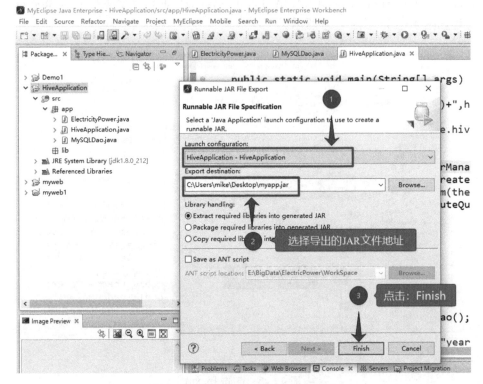

图 4-27　选择导出的 JAR 文件地址

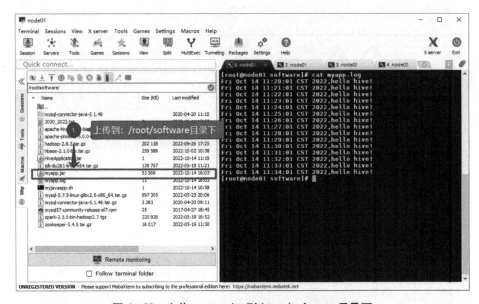

图 4-28　上传 myapp.jar 到 /root/software 目录下

3. 创建 Linux 定时任务

最后,需要创建 Linux 的定时脚本,首先确保 crontabs 服务已经启动并设置开机自启,然后创建定时任务。

（1）编写 Shell 脚本,在脚本中执行 Java 程序,代码如下。

vi /home/myjavaapp.sh

```
#!/bin/sh
export JAVA_HOME=/usr/lib/jvm/jdk
export PATH=$JAVA_HOME/bin:$PATH
export CLASSPATH=.:$JAVA_HOME/lib/dt.jar:$JAVA_HOME/lib/tools.jar
cd /root/software
java -jar myapp.jar
```

（2）编辑定时任务命令:crontab -e。

```
*/6 * * * * sh /root/software/myjavaapp.sh >> /root/software/myapp.log 2>&1
```

#每6分钟执行一次（测试成功后修改为30分钟执行一次即可）,测试成功页面如图4-29所示。

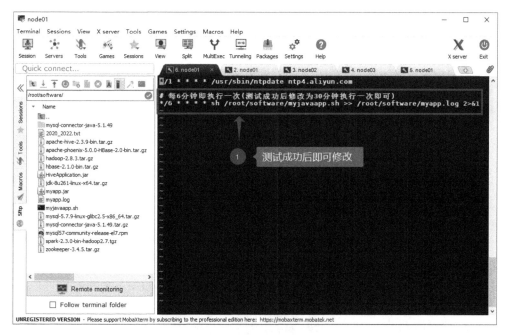

图 4-29　测 试 成 功

4. 测试程序查看效果

过6分钟后查看执行效果,通过执行命令查看日志文件的内容,如图4-30所示。

cat /root/software/myapp.log

图 4-30　查看执行的日志文件

查看 MySQL 的最新数据,如图 4-31 所示。

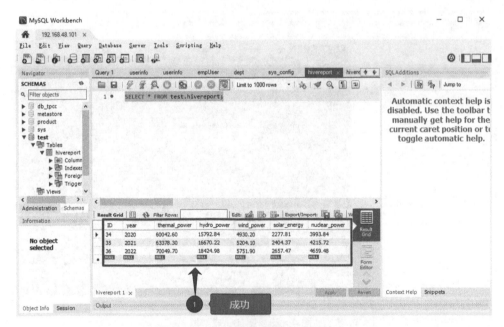

图 4-31　写入新数据时查看 ID 变化

通过 Linux 定时执行 Java 程序对 Hive 进行统计,然后写入 MySQL 的数据表的过程成功实现。

4.1.3 任务回顾

(1) 创建 Java 项目文件,编写 Java 程序,创建 Linux 定时任务,查看测试结果。

(2) 使用 Linux 脚本定时执行 Java 程序对 Hive 查询并写入 MySQL 数据库。

任务4.2 使用 JavaWeb 对 MySQL 进行数据查询和统计

在企业应用中,通过开发 JavaWeb 应用对数据库进行访问,可以实现大部分管理信息系统的用户需求。从本次任务开始,我们将使用 IDEA 开发 Java 项目并连接 MySQL 数据库,然后介绍当前主流的 Java EE 项目,使用 SpringBoot 架构的应用程序对 MySQL 数据库进行访问。开发 SpringBoot 应用程序需要提前了解 Spring、SpringMVC、MyBatis 等相关知识,这些内容请读者自行学习。

4.2.1 使用 IDEA 开发 Java 项目访问 MySQL 数据库

1. 创建 Java 项目

创建 Java 项目,如图 4-32~图 4-36 所示。

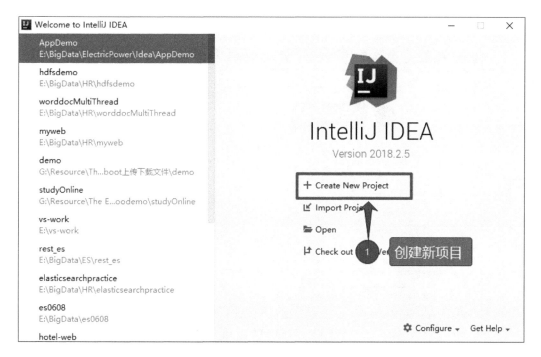

图 4-32 创建新项目

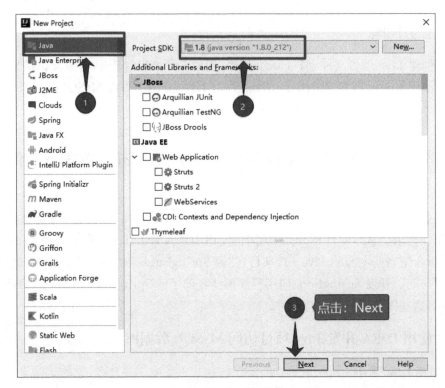

图 4-33 选择 SDK

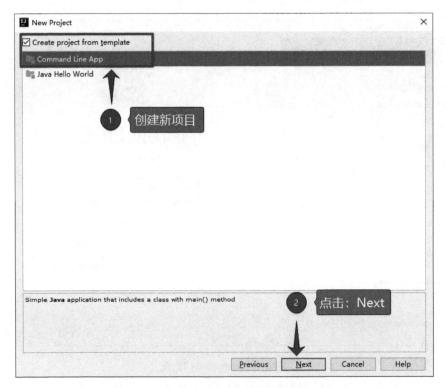

图 4-34 勾选 Create project from template

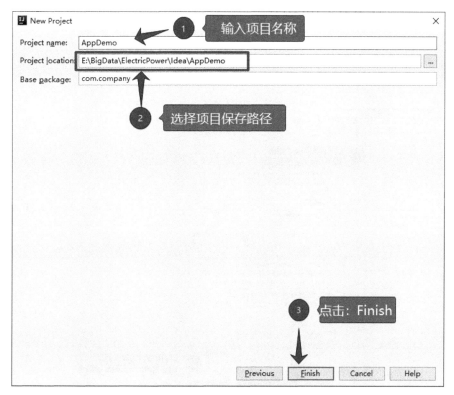

图 4-35 填写项目名称和保存路径

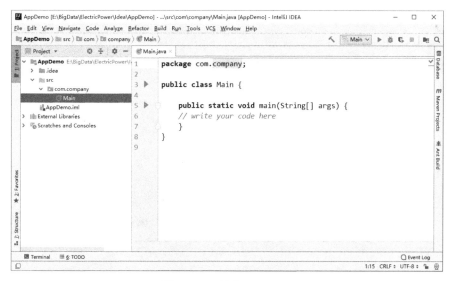

图 4-36 创建 Main.java

2. 添加驱动并编写程序

复制 MySQL 的数据库驱动 JAR 包文件到项目的目录下,并添加引用,如图 4-37、图 4-38 所示。

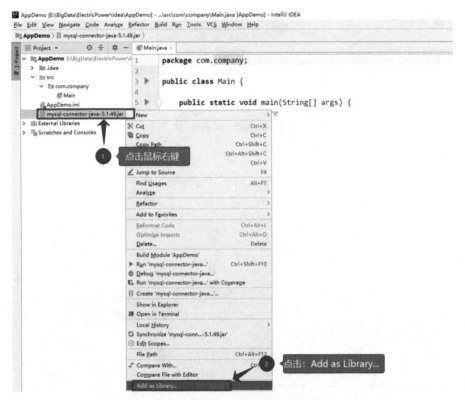

图 4-37　复制 MySQL 的数据库驱动 JAR 包文件到项目的目录下，并添加引用

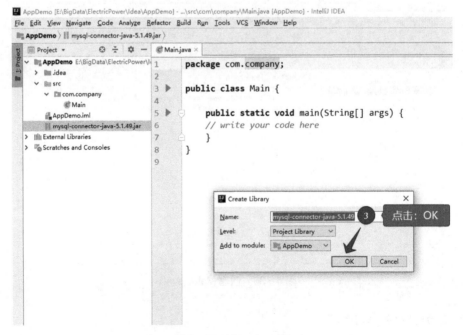

图 4-38　点　击　OK

在 Main 类中添加代码，如代码 4-5 所示。

代码 4-5　在 Main 类中添加代码

```java
package com.company;

import java.sql.Connection;
import java.sql.DriverManager;
import java.sql.ResultSet;
import java.sql.Statement;

public class Main {

    public static void main(String[] args) {
        try {
            Class.forName("com.mysql.jdbc.Driver");
            Connection conn = DriverManager.getConnection("jdbc:mysql://192.168.48.101:3306/test?useSSL=false&useUnicode=true&characterEncoding=utf-8",
                    "root", "123");
            Statement stmt = conn.createStatement();
            ResultSet res = stmt.executeQuery("select * from HiveReport");
            String year;
            double thermalPower;
            double hydroPower;
            double windPower;
            double solarEnergy;
            double nuclearPower;

            while (res.next()) {
                year = res.getString("year");
                thermalPower = res.getDouble("thermal_power");
                hydroPower = res.getDouble("hydro_power");
                windPower = res.getDouble("wind_power");
                solarEnergy = res.getDouble("solar_energy");
                nuclearPower = res.getDouble("nuclear_power");
                System.out.println(year + "," + thermalPower + "," + hydroPower + ",",
```

```
"+windPower+","+solarEnergy+","+nuclearPower);
            }
        conn.close();
    } catch (Exception ex) {

        }
    }
}
```

3. 执行程序查看结果

启动程序,可以看到控制台输出的结果,如图4-39、图4-40所示。

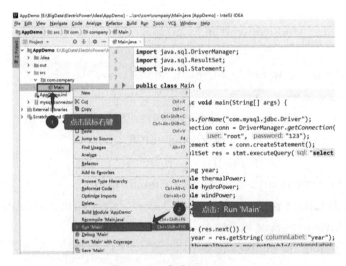

图4-39 点击Run Main

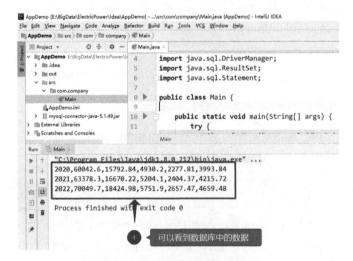

图4-40 查看数据库中的数据

4.2.2 企业级 JavaEE 框架技术简介

1. Java EE 框架介绍

1) Java EE 概念

Java EE(Java Platform,Enterprise Edition)是 Sun 公司为企业级应用推出的标准平台,也就是 Java 平台的企业版,主要用来开发 B/S 架构软件,例如,我们常见的京东、淘宝等网站后台。Java EE 可以说是一个框架,也可以说是一种规范。Java EE 是 Java 应用最广泛的部分。

Java EE 有 13 种核心技术,分别是 JDBC、JNDI、EJB、RMI、Servlet、JSP、XML、JMS、Java IDL、JTS、JTA、JavaMail 和 JAF。

在本书中,我们着重关注下面几种技术。

(1) JDBC。

Java 数据库连接(Java Database Connectivity,JDBC),是 Java 语言中用来规范客户端程序如何来访问数据库的应用程序接口,提供了诸如查询和更新数据库中数据的方法。

(2) JNDI。

Java 命名和目录接口(Java Naming and Directory Interface,JNDI),是 Java 的一个目录服务应用程序界面(API),为基于 Java 技术的应用程序提供了一个访问多种命名和目录服务的统一接口。

(3) EJB。

企业级 JavaBean(Enterprise JavaBean,EJB)是一个用来构筑企业级应用的服务器端可被管理组件。

(4) Servlet。

Servlet(Server Applet),是用 Java 编写的服务器端程序。其主要功能在于交互式地浏览和修改数据,生成动态 Web 内容。对 Servlet 的理解分为狭义和广义两类,狭义的理解是指 Java 语言实现的一个接口,而广义的理解是指任何实现了这个 Servlet 接口的类,大多数情况下,我们理解的是广义的 Servlet。

(5) JSP。

JSP(JavaServer Pages)是由 Sun 公司主导创建的一种动态网页技术标准。JSP 部署于网络服务器上,能够响应客户端发送的 HTTP 请求,并根据请求内容动态地生成 HTML、XML 或其他格式文档的 Web 网页,然后返回给请求者。

2) Java EE 技术是当前企业级 Web 应用开发的主流技术

在早期的企业应用开发中以 C/S(Client/Server)架构为主流,C/S 架构需要在每个客户端安装应用程序,例如,QQ、Foxmail 等邮件工具这类应用都需要在用户的操作系统上安装应用程序,这种模式最大的问题就是一旦需要升级应用程序,用户就要重新安装。随着 Web 浏览器技术的发展,基于 B/S(Browse/Server)的应用程序应运而生。在进行 Web 应用开发时,开发人员会在项目中定义大量的类,程序代码通过类中的方法进行互相调用,以实现各种业务逻辑。但是如果在代码中直接创建对象,就会造成大量的对象之间强耦合,一旦需要改变业务逻辑就可能造成连锁反应,造成整个系统代码运行出现故障。因此,通过主流的框架技术(例如 Spring 框架)来管理整个系统的对象,并在需要的地方由框架根据配置文件或者注解将对象注入,这种方式极大地降低了系统组件之间的耦合度。当需要更换对象时,只需要修改配置文件或者注解信息,而程序代码无须修改,这样就实现了不修改代码而修改了不同的实例对象,从而实现业务逻辑的变更。SSM(Spring MVC,Spring,MyBatis)框架是目前主流的 Java EE 开发技术框架。

3) Spring 框架介绍

Spring 框架是一个开放源代码的 Java EE 应用程序框架,是针对 Bean 的生命周期进行管理的轻量级容器。Spring 框架由 7 个定义明确的模块组成,如图 4-41 所示。

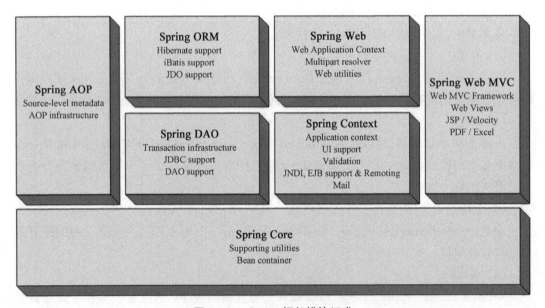

图 4-41 Spring 框架模块组成

从图 4-41 我们看到,Spring 模块都是在核心容器之上构建的。Spring 解决了开发者在 Java EE 开发中遇到的许多常见的问题,提供了强大的 ORM、AOP 及 Web MVC 等功能。

(1) 核心容器(Core)模块。

Spring Core 是 Spring 框架最基础的部分,它提供了依赖注入(Dependency Injection)特征来实现容器对 Bean 的管理。BeanFactory 是任何 Spring 应用的核心。BeanFactory 是工厂模式的一个实现,它使用 IoC 将应用配置和依赖说明从实际的应用代码中分离出来。

(2) 应用上下文(Context)模块。

核心模块的 BeanFactory 使 Spring 成为一个容器,而上下文模块使它成为一个框架。这个模块扩展了 BeanFactory 的概念,增加了对国际化(I18N)消息、事件传播以及验证的支持。同时这个模块提供了许多企业服务,如电子邮件、JNDI 访问等。

（3）Spring 的 AOP 模块。

Spring 在它的 AOP 模块中提供了对面向切面编程的丰富支持。这个模块是在 Spring 应用中实现切面编程的基础。为了确保 Spring 与其他 AOP 框架的互用性，Spring 的 AOP 支持基于 AOP 联盟定义的 API。Spring 的 AOP 模块也将元数据编程引入了 Spring，使用 Spring 的元数据支持，可以为源代码增加注释，指示 Spring 在何处以及如何应用切面函数。

（4）JDBC 抽象和 DAO 模块。

使用 JDBC 经常会导致大量的重复代码、重复连接等问题。Spring 的 JDBC 和 DAO 模块抽取了这些重复代码，因此，我们可以保持数据库访问代码干净简洁，并且可以使数据库的连接更加安全。同时，这个模块还使用了 Spring 的 AOP 模块，为 Spring 应用中的对象提供了事务管理服务。

（5）对象/关系映射（ORM）集成模块。

Spring 提供了 ORM 模块，方便更习惯使用对象/关系映射工具而不是直接使用 JDBC 的用户。Spring 本身并没有实现它自己的 ORM 解决方案，而是为 Hibernate、JDO 和 iBATIS SQL 映射这些流行的 ORM 框架提供集成方案。Spring 的事务管理支持这些 ORM 框架中的每一个，包括 JDBC。

（6）Spring 的 Web 模块。

Web 上下文模块建立于应用上下文模块之上，提供了一个适合 Web 应用的上下文。另外，这个模块还提供了一些面向服务支持，例如，实现文件上传的 multipart 请求。它也提供了 Spring 和其他 Web 框架的集成，如 Struts、WebWork。

（7）Spring 的 MVC 框架。

Spring 为构建 Web 应用提供了一个功能全面的 MVC 框架。虽然 Spring 可以很容易地与其他 MVC 框架集成，但 Spring 的 MVC 框架使用 IoC 对控制逻辑和业务对象提供了完全的分离。它也允许声明性地将请求参数绑定到业务对象中。此外，Spring 的 MVC 框架还可以利用 Spring 的任何其他服务，例如，国际化信息与验证。

2．SpringBoot 框架介绍

1）SpringBoot 企业级框架简介

SpringBoot 是一个 JavaWeb 的开发框架，其设计目的是简化新 Spring 应用的初始搭建以及开发过程。SpringBoot 是简化 Spring 开发的框架，它基于 Spring 开发，但不是替代 Spring 的解决方案，而是和 Spring 框架紧密结合用于提升 Spring 开发者体验的一个工具。SpringBoot 的核心思想是约定大于配置，you can "just run"，just run 就能创建一个独立的、产品级的应用。

我们在使用 SpringBoot 时，只需要配置相应的 SpringBoot 就可以用所有的 Spring 组件，简单来说，SpringBoot 就是整合了很多优秀的框架，不用我们自己生动地去写一堆 xml 配置然后进行配置。同时它集成了大量常用的第三方库配置（如 Redis、MongoDB、JPA、RabbitMQ、Quartz 等），SpringBoot 应用中这些第三方库几乎可以零配置地开箱即用。

2) 使用 SpringBoot 的原因

(1) 使编程变得简单：SpringBoot 采用 JavaConfig 的方式，对 Spring 进行配置，并且提供了大量的注解，极大地提高了工作效率。

(2) 使配置变得简单：SpringBoot 提供了许多默认配置，也提供自定义配置，但是所有的 SpringBoot 的项目都只有一个配置文件：application.properties/application.yml。

(3) 使部署变得简单：SpringBoot 内置了 Tomcat、Jetty、Undertow 3 种 Servlet 容器，我们只需要一个 Java 的运行环境即可运行 SpringBoot 的项目。SpringBoot 的项目可以打成一个 JAR 包，然后通过 Java -jarxxx.jar 来运行。

(4) 使监控变得简单：SpringBoot 提供了 actuator 包，可以使用它来对应用进行监控。

3) SpringBoot 可以解决的问题

更快速更便捷地搭建服务，大大节省工作量，如下：

(1) 配置 web.xml，加载 Spring 和 Spring MVC。

(2) 配置数据库连接、配置 Spring 事务。

(3) 配置加载配置文件的读取，开启注解。

(4) 配置日志文件。

3. MyBatis 框架介绍

1) MyBatis 简介

MyBatis 前身是 Apache 的一个开源项目 iBatis，后更名为 MyBatis，实质上是 MyBatis 对 iBatis 进行了一些改进。MyBatis 是一个优秀的持久层框架，它对 JDBC 操作数据库的过程进行封装，它让数据库底层操作变得透明。在 MyBatis 中，开发者不需要关注繁杂的 JDBC 过程代码，只需要关注 SQL 本身即可。

MyBatis 的操作是围绕 SqlSessionFactory 实例展开的。MyBatis 通过 XML 或注解的方式将要执行的各种 statement 配置起来，并通过 Java 对象和 statement 中的 SQL 进行映射，生成最终执行的 SQL 语句，最后由 MyBatis 框架执行 SQL 并将结果映射成 Java 对象并返回。

2) MyBatis 的功能架构

MyBatis 的功能架构分为 API 接口层、数据处理层和基础支撑层。

(1) API 接口层：提供给外部使用的接口 API，我们可以通过这些本地 API 来操纵数据库。接口层接收到调用请求就会调用数据处理层来完成具体的数据处理。

(2) 数据处理层：负责具体的 SQL 查找、SQL 解析、SQL 执行和执行结果映射处理等。它主要的目的是根据调用的请求完成一次数据库操作。

(3) 基础支撑层：该层将连接管理、事务管理、配置加载和缓存处理这些都是共用的部分抽取出来作为最基础的组件，为上层的数据处理层提供最基础的支撑。

3) MyBatis 的运行原理

MyBatis 的整体执行流程如图 4-42 所示。

MyBatis 应用程序根据 XML 配置文件创建 SqlSessionFactory，SqlSessionFactory 再根据配置文件或是 Java 代码的注解，获取一个 SqlSession。SqlSession 中包含了执行 SQL

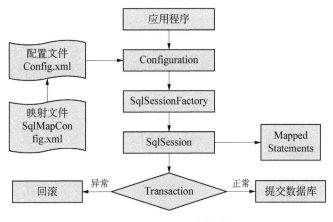

图 4‑42 MyBatis 执行流程

所需要的所有方法,可以通过 SqlSession 实例直接运行已映射的 SQL 语句,完成对数据的增删改查和事务提交等,在使用完毕之后关闭 SqlSession。

4.2.3 使用 IDEA 开发基于 SSM 的项目访问 MySQL

与 MyEclipse 开发 Web 应用不同,使用 IDEA 开发 SprintBoot 应用程序,大多数情况不再自行下载 Jar 包,而是通过 Maven 对项目进行管理,所以开始开发之前,请先安装并配置好 Maven 后,安装 IDEA 开发工具,就可以开始进行 SprintBoot 应用开发了。

1. 启动 IDEA 创建项目

启动 IDEA,在 Configure→Settings 正确配置 Maven 的路径和配置文件后,可以创建 SpringBoot 应用程序,如图 4‑43～图 4‑51 所示。

图 4‑43 点击 Settings

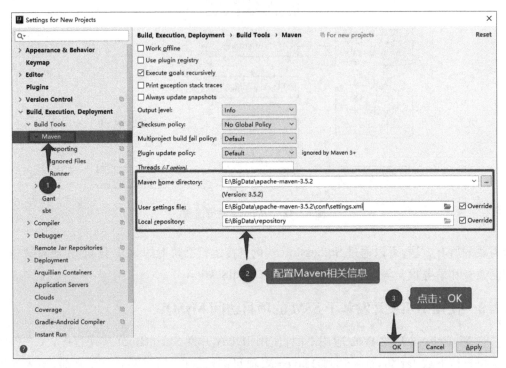

图 4-44　配置 Maven 相关信息

图 4-45　创建新项目

项目 4 使用 JavaWeb 实现大数据统计分析

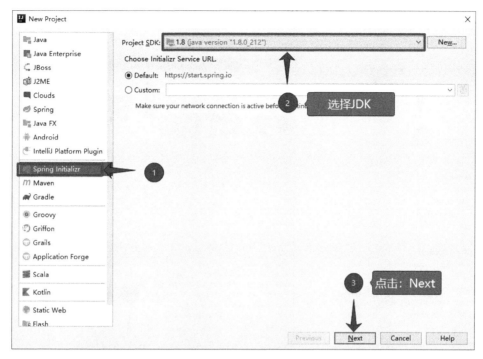

图 4-46 选 择 JDK

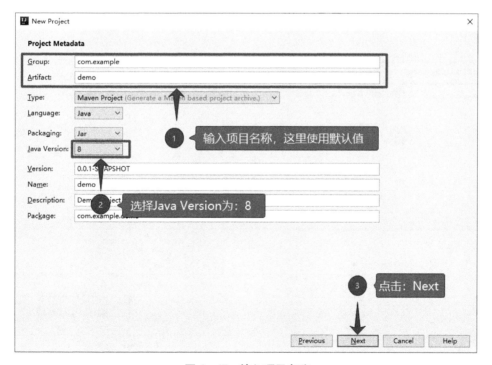

图 4-47 输入项目名称

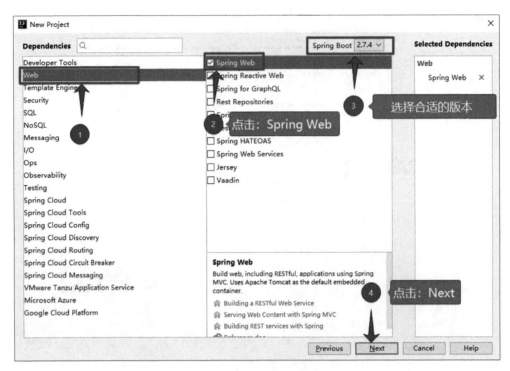

图 4-48 点击 Spring Web

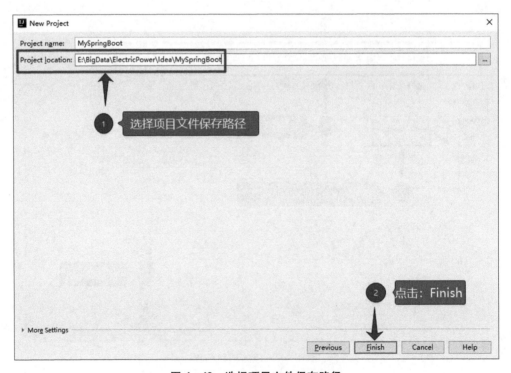

图 4-49 选择项目文件保存路径

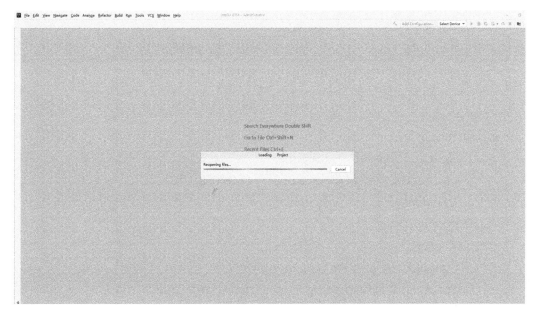

图 4-50　等待系统下载所需的文件

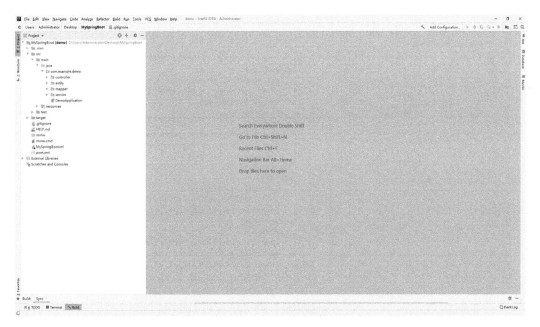

图 4-51　工程创建完毕

2. 修改 POM 文件

在 POM 文件中添加访问 MySQL 所需的依赖，内容如代码 4-6 和图 4-52 所示。

代码 4-6　在 POM 文件中添加访问 MySQL 所需的依赖

```xml
<dependency>
    <groupId>org.mybatis.spring.boot</groupId>
    <artifactId>mybatis-spring-boot-starter</artifactId>
    <version>1.3.2</version>
</dependency>
<dependency>
    <groupId>mysql</groupId>
    <artifactId>mysql-connector-java</artifactId>
    <version>5.1.46</version>
</dependency>
<dependency>
    <groupId>com.alibaba</groupId>
    <artifactId>druid-spring-boot-starter</artifactId>
    <version>1.2.9</version>
</dependency>
```

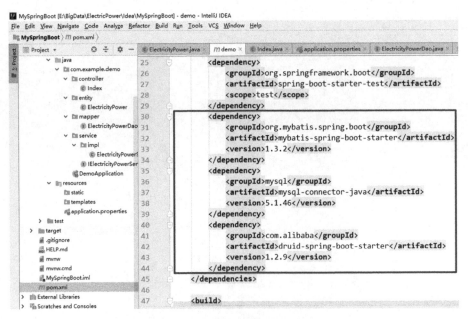

图 4-52　POM 文件中添加依赖

3. 编写程序访问 MySQL 数据库

在项目中选中 com.example.demo 点击鼠标右键，添加 controller、entity、mapper、service 四个子包，如图 4-53～图 4-55 所示。

项目 4　使用 JavaWeb 实现大数据统计分析

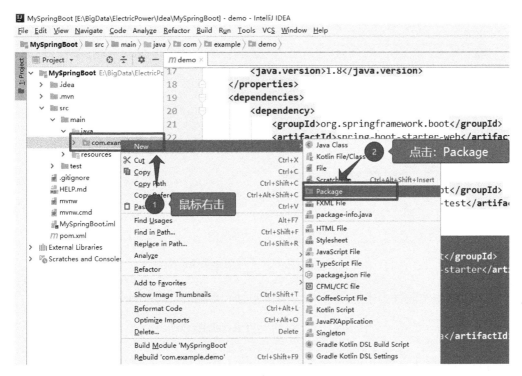

图 4-53　点击 Package

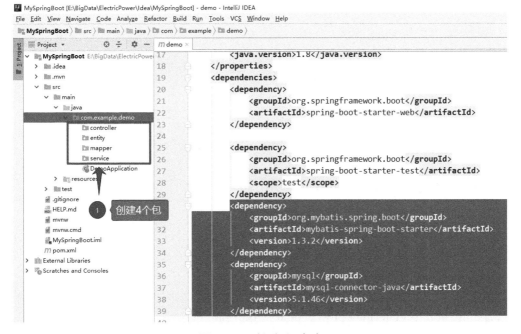

图 4-54　创建 4 个包

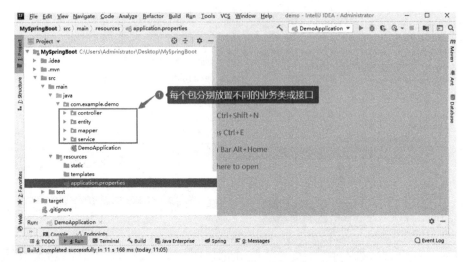

图 4-55 每个包放置不同的业务类或接口

entity 包用于放置实体类，在 entity 包下添加类 ElectricityPower，见代码 4-7。

代码 4-7 添加类：ElectricityPower

```
public class ElectricityPower {
private String year;
private double thermal_power;
private double hydro_power;
private double wind_power;
private double solar_energy;
private double nuclear_power;

public String getYear() {
    return year;
}
public void setYear(String year) {
    this.year=year;
}
public double getThermal_power() {
    return thermal_power;
}
public void setThermal_power(double thermal_power) {
    this.thermal_power=thermal_power;
}
```

```java
public double getHydro_power() {
    return hydro_power;
}
public void setHydro_power(double hydro_power) {
    this.hydro_power=hydro_power;
}
public double getWind_power() {
    return wind_power;
}
public void setWind_power(double wind_power) {
    this.wind_power=wind_power;
}
public double getSolar_energy() {
    return solar_energy;
}
public void setSolar_energy(double solar_energy) {
    this.solar_energy=solar_energy;
}
public double getNuclear_power() {
    return nuclear_power;
}
public void setNuclear_power(double nuclear_power) {
    this.nuclear_power=nuclear_power;
}
}
```

controller 包用于放置监听外部请求的类,然后在 controller 包下添加 Index 类,见代码 4-8。

代码 4-8 添加 Index 类

```java
package com.example.demo.controller;

import com.example.demo.entity.ElectricityPower;
import com.example.demo.service.IElectricityPowerService;
import org.springframework.stereotype.Controller;
import org.springframework.web.bind.annotation.RequestMapping;
```

```
import org.springframework.web.bind.annotation.ResponseBody;
import javax.annotation.Resource;
import java.util.List;

@Controller
public class Index {
    @Resource
    private IElectricityPowerService electricityPowerService;

    @ResponseBody
    @RequestMapping("/electricityPower")
    public List<ElectricityPower> getAllElectricityPower() {
        List<ElectricityPower> list=null;
        list=electricityPowerServiceervice.getAllElectricityPower();
        return list;
    }
}
```

service 包用于放置业务接口和实现类,在 service 包分别添加 IAirService 接口,见代码 4-9。

代码 4-9 添加 IAirService 接口

```
package com.example.demo.service;

import com.example.demo.entity.ElectricityPower;
import java.util.List;

public interface IElectricityPowerService {
    public List<ElectricityPower> getAllElectricityPower();
}
```

在 service 包下添加 impl 包,impl 包用于放置 service 中定义的接口,在 impl 包中添加接口 IAirService 的实现类 AirService,见代码 4-10。

代码 4-10 添加接口 IAirService 的实现类 AirService

```
package com.example.demo.service.impl;
```

```java
import com.example.demo.entity.ElectricityPower;
import com.example.demo.mapper.ElectricityPowerDao;
import com.example.demo.service.IElectricityPowerService;
import org.springframework.stereotype.Service;

import javax.annotation.Resource;
import java.util.List;

@Service("ElectricityPowerService")
public class ElectricityPowerService implements IElectricityPowerService {
    @Resource
    ElectricityPowerDao electricityPowerDao;

    @Override
    public List<ElectricityPower> getAllElectricityPower() {
        return electricityPowerDao.getAllElectricityPower();
    }
}
```

mapper 用于放置数据访问接口，在 mapper 下添加接口 ElectricityPowerDao，见代码 4-11。

代码 4-11　在 mapper 下添加接口 ElectricityPowerDao

```java
package com.example.demo.mapper;

import com.example.demo.entity.ElectricityPower;
import org.apache.ibatis.annotations.Mapper;
import org.apache.ibatis.annotations.Select;

import java.util.List;

@Mapper
public interface ElectricityPowerDao {
    @Select("select * from HiveReport")
    List<ElectricityPower> getAllElectricityPower();
}
```

编辑 MySpringBoot\src\main\resources\application.properties 文件,见代码 4-12,过程如图 4-56 所示。

代码 4-12　编辑 MySpringBoot\src\main\resources\application.properties 文件

```
server.port=80
###########################配置数据源#####
spring.datasource.type=com.alibaba.druid.pool.DruidDataSource
spring.datasource.driver-class-name=com.mysql.jdbc.Driver
spring.datasource.url=jdbc:mysql://192.168.48.101:3306/test?useSSL=false&useUnicode=true&characterEncoding=utf-8
spring.datasource.username=root
spring.datasource.password=123
# 初始化大小,最小,最大
spring.datasource.initialSize=5
spring.datasource.minIdle=5
spring.datasource.maxActive=20
# 配置获取连接等待超时的时间
spring.datasource.maxWait=60000
```

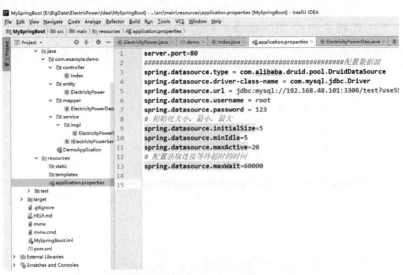

图 4-56　编辑 application.properties 文件

4. 启动程序测试

启动项目,等待项目正常运行,如图 4-57、图 4-58 所示。

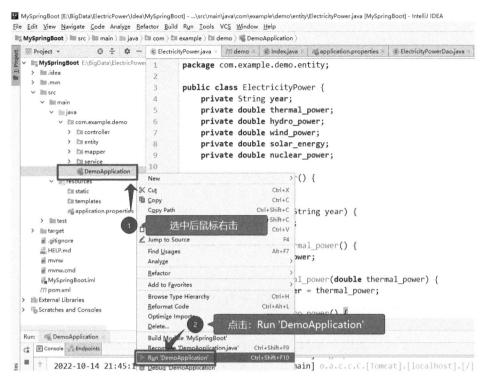

图 4-57 点击 Run 'DemoApplication' 启动项目

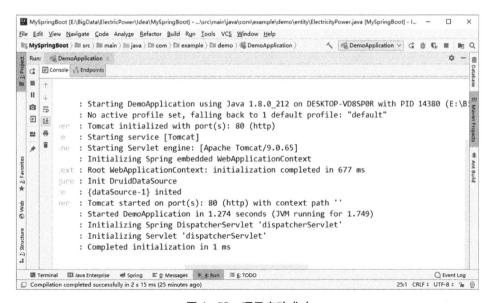

图 4-58 项目启动成功

启动浏览器输入地址：http://127.0.0.1/electricityPower，如图 4-59 所示，可以查看结果。

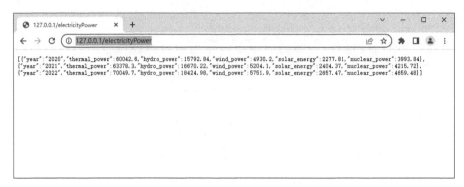

图 4-59 查 看 结 果

4.2.4 任务回顾

（1）使用 IDEA 开发 Java 项目访问 MySQL 数据库。

（2）介绍了 4 种技术或框架：Java EE 平台、SSM 技术栈、SpringBoot 框架、MyBatis 框架。

（3）使用 IDEA 开发基于 SSM 的项目访问 MySQL。

任务4.3　使用 JavaProject 对 HBase 的 Phoenix 进行 API 调用

本任务开始使用 JavaWeb 应用程序对 HBase 的 Phoenix 进行访问，HBase 的搭建过程和 Phoenix 整合过程请参考前面的内容，本任务将在前文的基础上对基于 HBase 的 Phoenix 进行访问。

4.3.1 使用 JavaProject 连接 HBase

1. 测试数据和准备工作

启动 HBase，使用 Phoenix 的命令行进行数据初始化。

♯登录服务器，进入目录/opt/zookeeper-3.4.10/bin，启动 ZK 服务。

```
cd /opt/zookeeper-3.4.10/bin
sh zkServer.sh start
```

查看节点的 ZooKeeper 运行状态。

```
sh /opt/zookeeper-3.4.10/bin/zkServer.sh status
```

可以看到 ZooKeeper 运行正常,然后启动 HBase。

cd /opt/hbase-2.1.0/bin
./start-hbase.sh

启动 HBase 后,通过 jps 命令查看确保 HDFS,ZooKeeper 和 HBase 服务均正常启动,如图 4-60～图 4-62 所示。

```
[root@hadoop bin]# jps
10448 SecondaryNameNode
11889 QuorumPeerMain
13425 Jps
12210 HMaster
10185 DataNode
10811 NodeManager
10061 NameNode
12350 HRegionServer
[root@hadoop bin]#
```

图 4-60　jps 查看进程

cd /opt/phoenix/bin
./sqlline.py 192.168.1.111

```
[root@hadoop bin]# cd /opt/phoenix/bin
[root@hadoop bin]# ./sqlline.py 192.168.1.111
Setting property: [incremental, false]
Setting property: [isolation, TRANSACTION_READ_COMMITTED]
issuing: !connect -p driver org.apache.phoenix.jdbc.PhoenixDriver -p user "none" -p password "none" "jdbc:pho
enix:192.168.1.111"
SLF4J: Class path contains multiple SLF4J bindings.
SLF4J: Found binding in [jar:file:/opt/phoenix/phoenix-client-hbase-2.1-5.1.0.jar!/org/slf4j/impl/StaticLogge
rBinder.class]
SLF4J: Found binding in [jar:file:/opt/hadoop-2.9.2/share/hadoop/common/lib/slf4j-log4j12-1.7.25.jar!/org/slf
4j/impl/StaticLoggerBinder.class]
SLF4J: See http://www.slf4j.org/codes.html#multiple_bindings for an explanation.
SLF4J: Actual binding is of type [org.slf4j.impl.Log4jLoggerFactory]
Connecting to jdbc:phoenix:192.168.1.111
22/05/18 00:21:12 WARN util.NativeCodeLoader: Unable to load native-hadoop library for your platform... using
 builtin-java classes where applicable
Connected to: Phoenix (version 5.1)
Driver: PhoenixEmbeddedDriver (version 5.1)
Autocommit status: true
Transaction isolation: TRANSACTION_READ_COMMITTED
sqlline version 1.9.0
0: jdbc:phoenix:192.168.1.111> !tables
```

图 4-61　基于 HBase 的 Phoenix 服务启动

create table student ("id" varchar(20) primary key,"name" varchar(20),"age" integer);
upsert into student values('1','zhangsan',22);
upsert into student values('2','lisi',32);
upsert into student values('3','wangwu',52);
upsert into student values('4','zhaoliu',12);
upsert into student values('5','yangqi',43);
upsert into student values('6','wangwu',32);

```
upsert into student values('7','zhaoliu',72);
select * from student order by "age";
```

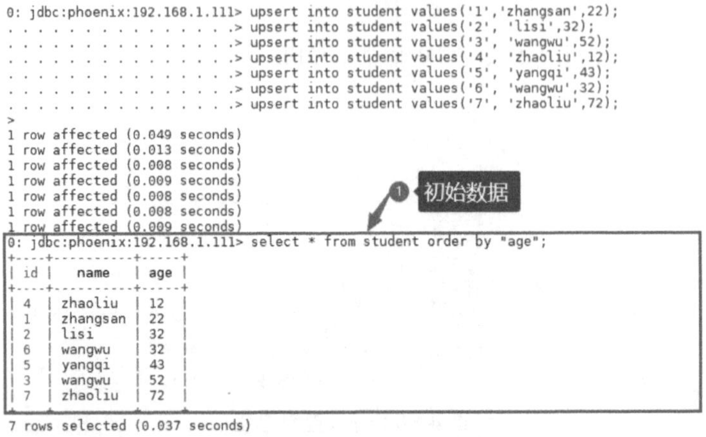

图 4-62 初 始 数 据

修改 Windows 操作系统的 C:\\Windows\System32\drivers\etc 目录的 hosts 文件，使用文本编辑器打开 hosts 文件，输入 HBase 所在的 Linux 服务器的 IP 地址和机器名称的映射，如图 4-63 所示。

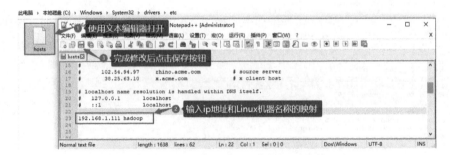

图 4-63 输入 IP 地址和 Linux 机器名称的映射

2. 创建 Java 项目连接 HBase

由于在本节的 HBase 基础上搭建了 Phoenix，由 Phoenix 将用户的查询 SQL 解析后转发给 HBase，因此，创建的 Java 项目需要下载 Phoenix 的驱动，在程序中通过 Phoenix 驱动发送 SQL 请求，然后由 HBase 查询得到结果后返回数据。因此，首先需要下载 Phoenix 的 Java 驱动包，通过终端连接服务器，进入/opt/phoenix/目录，下载 phoenix-client-hbase-2.1-5.1.0.jar 文件到本地，然后复制到项目中，就可以通过 Phoenix 连接到 HBase 并进行数据访问了，如图 4-64 所示。

启动 MyEclipse 开发工具，创建 JavaProject，项目名称为：HBaseDemo1，创建好工程后，复制 phoenix-client-hbase-2.1-5.1.0.jar 文件到工程中，并添加引用，如图 4-65～图 4-68 所示。

图 4–64　下载驱动到本地

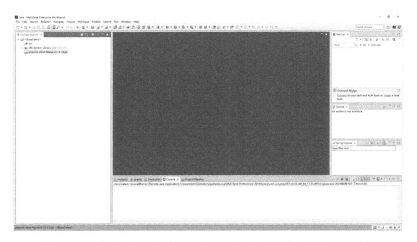

图 4–65　复制 phoenix-client-hbase-2.1-5.1.0.jar 文件到工程中

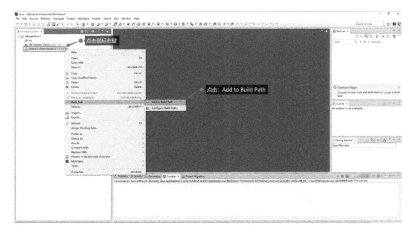

图 4–66　添加引用

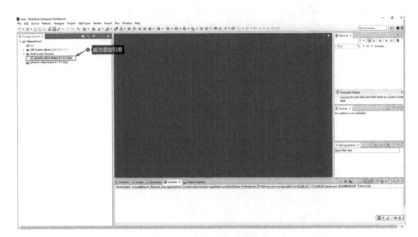

图 4-67 成功添加引用

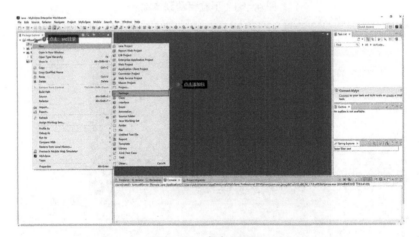

图 4-68 点击 Package

在项目中添加 demo 包和 App 类,如图 4-69～图 4-71 所示。

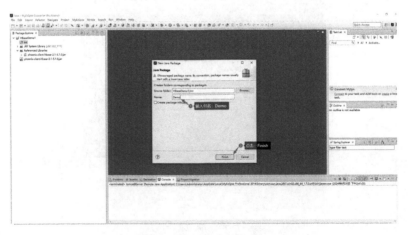

图 4-69 输入包名

项目 4　使用 JavaWeb 实现大数据统计分析

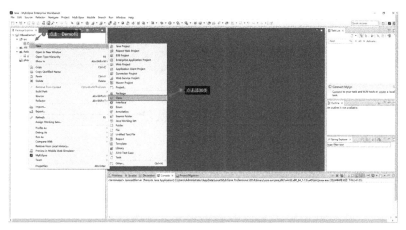

图 4‑70　创建 Class

图 4‑71　输入类名

App 类的代码见代码 4‑13。

代码 4‑13　App 类的代码

```
package demo;
import java.sql.*;
public class App {
public static void main(String[ ] args) {
String testSQL="select * from student";
    try {
    Class.forName("org.apache.phoenix.jdbc.PhoenixDriver");
    //程序启动前请务必确认本机的 C:\Windows\System32\drivers\etc\
host 文件已经映射集群每个节点的名称和 IP 地址,并能 ping 通:
```

```
        Connection con1=DriverManager.getConnection("jdbc:phoenix:192.
168.1.111:2181/hbase","","");
        Statement stmt=con1.createStatement();
        ResultSet rset=stmt.executeQuery(testSQL);
        while(rset.next()){
            System.out.println(rset.getString(1)+","+rset.getString(2));
        }
        stmt.close();
        con1.close();
    }catch(Exception ex){
    System.out.println(ex.getMessage());
    }
    }
}
```

3. 执行程序查看运行结果

执行程序查看运行结果如图4-72所示。

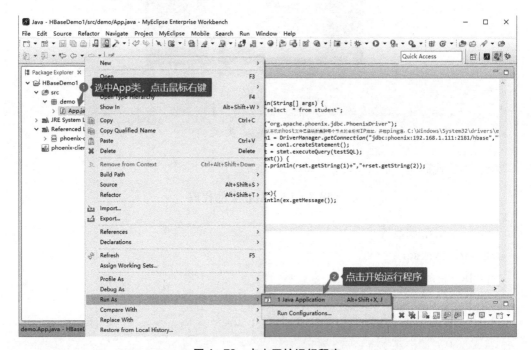

图4-72 点击开始运行程序

运行后可以在控制台查看到结果,如图4-73所示。

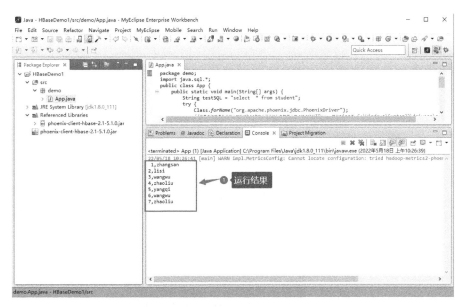

图 4-73　查看运行结果

通过 Java 程序访问 HBase 数据成功。

4.3.2　使用 JavaWeb 连接 HBase 进行数据操作

1. 创建 JavaWeb 项目

启动 MyEclipse 开发工具,创建 JavaWeb 项目,项目名称为 hbaseweb,创建 Web 项目的过程请参考前文内容,创建好的项目界面如图 4-74 所示。

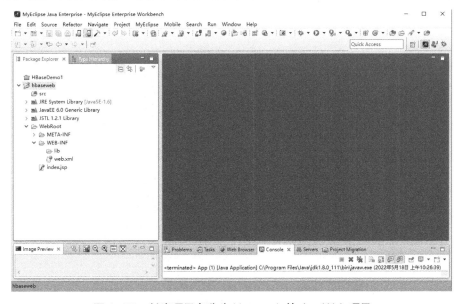

图 4-74　创建项目名称为 hbaseweb 的 JavaWeb 项目

2. 复制 Phoenix 的驱动包到 lib 目录下

将 Phoenix 的驱动包:phoenix-client-hbase-2.1-5.1.0.jar 文件复制到/hbaseweb/WebRoot/WEB-INF/lib 目录下,项目会自动引用到工程中,如图 4-75 所示。

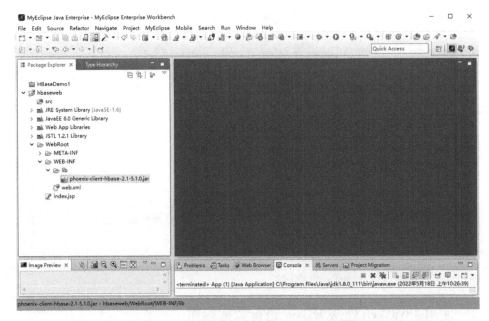

图 4-75　将 phoenix-client-hbase-2.1-5.1.0.jar 文件复制到 lib 目录下

3. 添加程序代码

在项目中添加 dao 和 entity 包,其中,entity 包中添加实体类 Student,在 dao 包中添加数据访问类:HBaseDao,如图 4-76、图 4-77 所示。

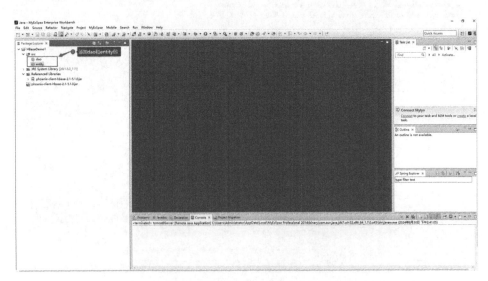

图 4-76　添加 dao 和 entity 包

项目 4　使用 JavaWeb 实现大数据统计分析

图 4-77　添加实体类 Student

实体类 Student 的代码见代码 4-14。

代码 4-14　实体类 Student 的代码

```
package entity;

public class Student {
private String id;
private String name;
private int age;
public String getId() {
return id;
}
public void setId(String id) {
this.id=id;
}
public String getName() {
return name;
}
public void setName(String name) {
this.name=name;
}
```

```java
public int getAge() {
return age;
}
public void setAge(int age) {
this.age=age;
}

}
```

在 dao 包下添加 HBaseDao 类代码,如代码 4-15 和图 4-78 所示。

代码 4-15　添加 HBaseDao 类

```java
package dao;
import java.util.ArrayList;
import entity.Student;
import java.util.List;
import java.sql.*;
public class HBaseDao {
public List<Student> getstunamelist(){
List<Student> list=new ArrayList<Student>();
String testSQL="select * from student";
    try {
    Class.forName("org.apache.phoenix.jdbc.PhoenixDriver");
    Connection con1=
DriverManager.getConnection("jdbc:phoenix:192.168.1.111:2181/hbase","","");
    Statement stmt=con1.createStatement();
    ResultSet rs=stmt.executeQuery(testSQL);
    Student stu=null;
    while (rs.next()) {
       stu=new Student();
       stu.setId(rs.getString("id"));
       stu.setName(rs.getString("name"));
       stu.setAge(rs.getInt("age"));
       list.add(stu);
    }
```

```
        stmt.close();
        con1.close();
}catch(Exception ex){
System.out.println(ex.getMessage());
}
return list;
}
}
```

图 4-78 在 dao 包下添加 HBaseDao 类代码

编辑 WebRoot\index.jsp 文件,如代码 4-16 和图 4-79 所示。

代码 4-16 编辑 WebRoot\index.jsp 文件

```
<%@ page language="java" import="java.util.*" pageEncoding="utf-8"%>
<%@ page import="dao.HBaseDao,entity.Student" %>
<%
HBaseDao dao=new HBaseDao();
List<Student> stulist=dao.getstunamelist();
%>

<!DOCTYPE HTML PUBLIC "-//W3C//DTD HTML 4.01 Transitional//EN">
```

```html
<html>
  <head>
    <title>student list</title>
<meta http-equiv="pragma" content="no-cache">
<meta http-equiv="cache-control" content="no-cache">
<meta http-equiv="expires" content="0">
<meta http-equiv="keywords" content="keyword1,keyword2,keyword3">
<meta http-equiv="description" content="This is my page">
  </head>

  <body>
    <% for(Student stu:stulist){ %>
    <%=(stu.getId()+","+stu.getName()+","+stu.getAge()) %>
    <br/>
    <%} %>
  </body>
</html>
```

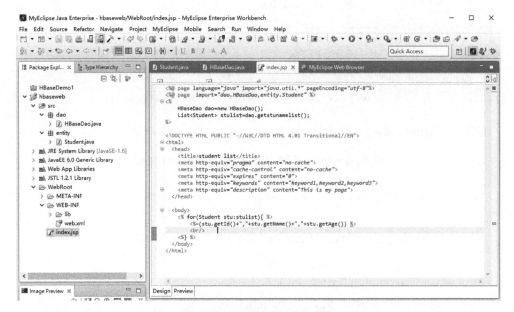

图 4-79　编辑 index.jsp 文件

4. 启动程序查看效果

启动程序查看效果如图 4-80、图 4-81 所示。启动浏览器，地址栏中输入：http://127.0.0.1/hbaseweb/index.jsp，可以看到结果如图 4-82 所示。

项目 4　使用 JavaWeb 实现大数据统计分析

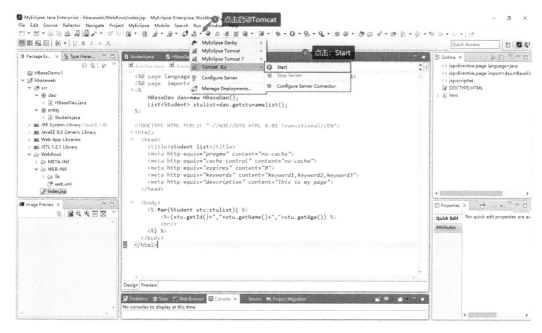

图 4-80　点击启动 Tomcat

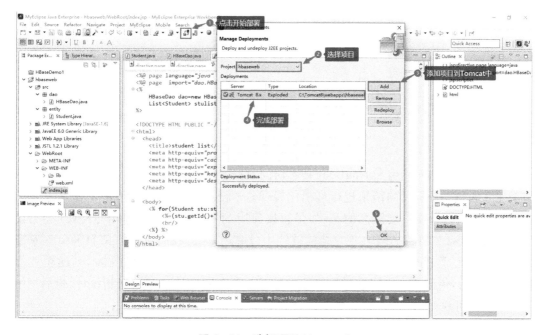

图 4-81　选择项目 hbaseweb

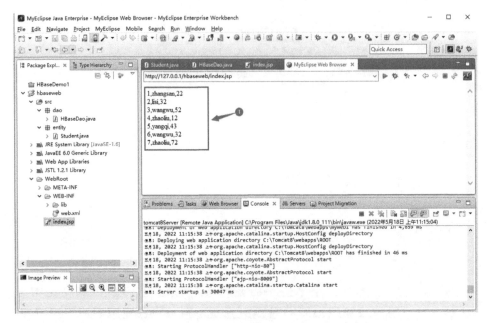

图 4-82 查看结果

4.3.3 任务回顾

(1) 使用 JavaProject 连接 HBase。
(2) 使用 JavaWeb 连接 HBase 进行数据操作。

任务 4.4 使用 SpringBoot 技术访问 HBase

前文介绍了如何使用 SpringBoot 技术访问数据库,通过对数据库的查询和统计,可以将数据库的数据分析后的结果进行可视化展现。本任务将使用 SprintBoot 对 HBase 的数据进行统计和分析。要注意的是:如果直接使用 SpringBoot 对 HBase 的 API 进行访问,由于 HBase 自身的 API 实现复杂的统计十分麻烦,因此我们应确保在 HBase 的基础上已经部署完成 Phoenix 服务,这样我们就可以通过使用 SprintBoot 技术创建企业级 Java EE 项目,借助 Phoenix 就能发送复杂的 SQL 语句对 HBase 进行分析统计,最后把统计结果进行可视化。

4.4.1 使用 Maven 配置 Phoenix 驱动

本节将使用 SprintBoot 创建 Web 项目访问 HBase 的数据,使用 IDEA 创建 SpringBoot 项目十分方便。在创建项目之前,我们需要将 Phoenix 的驱动配置到

Maven 仓库,然后通过项目的 POM 文件加载相关依赖,即可将 Phoenix 的驱动程序引入项目。

1. 下载 Phoenix 驱动程序到本地 E 盘

下载 Phoenix 驱动程序到本地 E 盘,如图 4-83、图 4-84 所示。

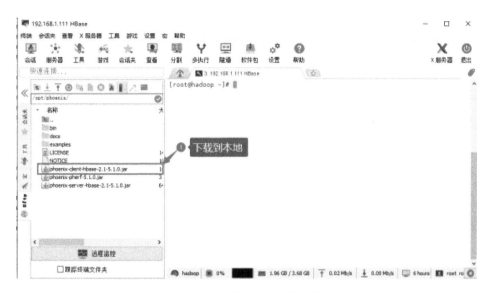

图 4-83 下载 Phoenix 驱动程序

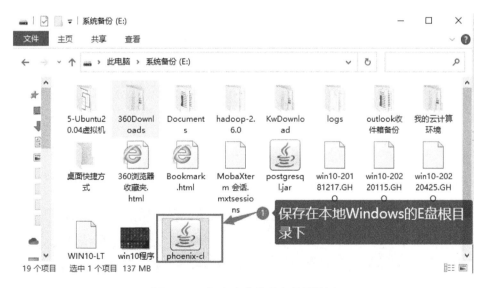

图 4-84 保存在本地 E 盘根目录下

2. 配置 Maven 的环境变量

在本地 Windows 的高级系统设置中,配置环境变量,添加 M2_HOME 对应 Maven 的解压目录即可:K:\apache-maven-3.5.0,如图 4-85 所示。

图 4-85 配置 Maven 的环境变量

编辑 Path 环境变量，添加以下路径：%M2_HOME%\bin，如图 4-86、图 4-87 所示。

图 4-86 新建 M2_HOME 变量和值

图 4-87 在 Path 中添加 %M2_HOME%\bin

测试命令：mvn -v，如图 4-88 所示。

```
C:\Users\Administrator>mvn -v
Apache Maven 3.5.0 (ff8f5e7444045639af65f6095c62210b5713f426; 2017-04-04T03:39:06+08:00)
Maven home: K:\apache-maven-3.5.0\bin\..
Java version: 11.0.13, vendor: Oracle Corporation
Java home: C:\Program Files\Java\jdk-11.0.13
Default locale: zh_CN, platform encoding: GBK
OS name: "windows 10", version: "10.0", arch: "amd64", family: "windows"
```

图 4-88 测试 Maven

3. 执行命令

执行命令如图 4-89 所示。

mvn install:install-file -Dfile=E:\phoenix-client-hbase-2.1-5.1.0.jar -DgroupId

=com. phoenix. tools -DartifactId=phoenix-client-hbase -Dversion=5.1.0-Dpackaging=jar

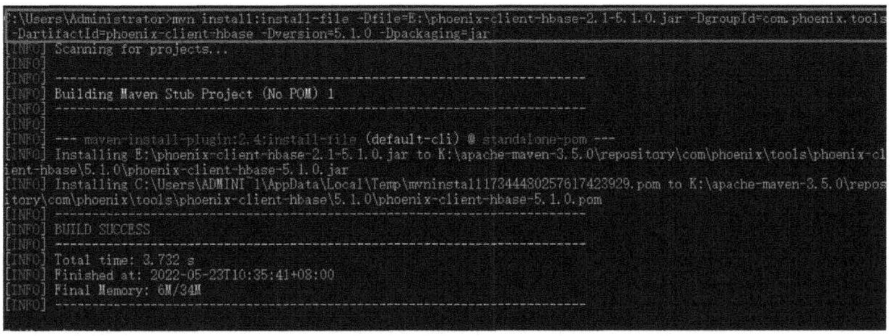

图 4-89 执行命令

4. 在 SpringBoot 项目的 POM 文件中添加依赖

在 SpringBoot 项目的 POM 文件中添加依赖,见代码 4-17。

代码 4-17 在 SpringBoot 项目的 POM 文件中添加依赖

```
<dependency>
    <groupId>com.phoenix.tools</groupId>
    <artifactId>phoenix-client-hbase</artifactId>
    <version>5.1.0</version>
</dependency>
```

4.4.2 使用 SpringBoot 创建 Web 项目对 HBase 进行数据查询

启动 IDEA 创建 SpringBoot 应用程序,操作过程如图 4-90~图 4-95 所示。

图 4-90 创建新项目

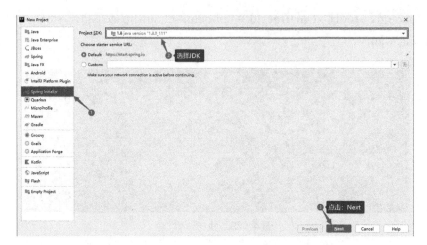

图 4-91 选择 JDK

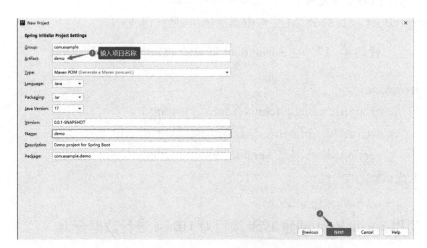

图 4-92 输入项目名称

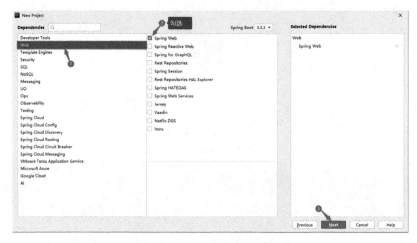

图 4-93 勾选 Spring Web

图 4-94 勾选 Thymeleaf

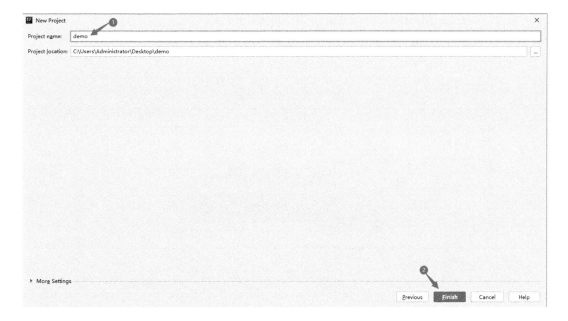

图 4-95 选择项目保存的路径

创建好的项目如图 4-96 所示。

图 4-96 创建 DemoApplication 项目

在 POM 文件中添加 Phoenix 的依赖，如代码 4-18 和图 4-97 所示。

代码 4-18　在 POM 文件中添加 Phoenix 的依赖

```
<dependency>
    <groupId>com.phoenix.tools</groupId>
    <artifactId>phoenix-client-hbase</artifactId>
    <version>5.1.0</version>
</dependency>
```

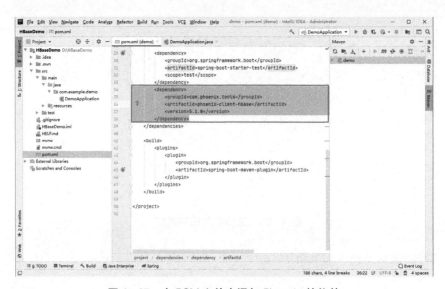

图 4-97 在 POM 文件中添加 Phoenix 的依赖

修改 src\main\resources\application.properties 文件，内容如代码 4-19 所示。

代码 4-19　修改 src\main\resources\application.properties 文件

```
server.port=80
spring.thymeleaf.suffix=.html
spring.web.resources.static-locations=classpath:/templates/

hbase.driverclassname:org.apache.phoenix.jdbc.PhoenixDriver
hbase.jdbcurl:jdbc:phoenix:192.168.1.111:2181/hbase
hbase.username:
hbase.password:
```

代码截图如图 4-98 所示。

图 4-98　修改 application.properties 文件

在 src\main\java\com\example\demo 目录下添加 4 个包：entity, controller, dao, service，如图 4-99 所示。

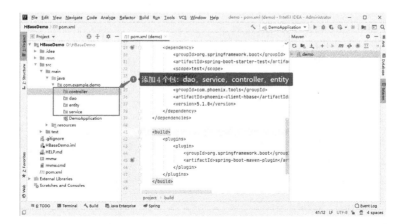

图 4-99　在 demo 目录下添加 4 个包

在 entity 包下添加类 Student，见代码 4-20。

代码 4-20　在 entity 包下添加类 Student

```java
package com.example.demo.entity;
public class Student {
    private String id;
    private String name;
    private int age;
    public String getId() {
        return id;
    }
    public void setId(String id) {
        this.id=id;
    }
    public String getName() {
        return name;
    }
    public void setName(String name) {
        this.name=name;
    }
    public int getAge() {
        return age;
    }
    public void setAge(int age) {
        this.age=age;
    }
}
```

在 dao 包下添加类 HBaseDao，见代码 4-21。

代码 4-21　在 dao 包下添加类 HBaseDao

```java
package com.example.demo.dao;
import java.sql.Connection;
import java.sql.DriverManager;
import java.sql.ResultSet;
import java.sql.Statement;
import java.util.ArrayList;
```

```java
import java.util.List;

import com.example.demo.entity.Student;
import org.springframework.beans.factory.annotation.Value;
import org.springframework.stereotype.Repository;

@Repository
public class HBaseDao {
    @Value("${hbase.driverclassname}")
    private String hbasedriverclassname;
    @Value("${hbase.jdbcurl}")
    private String hbasejdbcurl;
    @Value("${hbase.username}")
    private String hbaseusername;
    @Value("${hbase.password}")
    private String hbaseuserpwd;

    public List<Student> getAllStudentlist(String sql){

        List<Student> list=new ArrayList<Student>();
        try {
            Class.forName(hbasedriverclassname);
            Connection con1 = DriverManager.getConnection(hbasejdbcurl, hbaseusername, hbaseuserpwd);
            Statement stmt=con1.createStatement();
            ResultSet rs=stmt.executeQuery(sql);
            Student stu=null;
            while (rs.next()) {
                stu=new Student();
                stu.setId(rs.getString("id"));
                stu.setName(rs.getString("name"));
                stu.setAge(rs.getInt("age"));
                list.add(stu);
            }
            stmt.close();
            con1.close();
```

```
        }catch(Exception ex){
            System.out.println(ex.getMessage());
        }
        return list;
    }
}
```

在 service 包下添加接口 IStudentService,见代码 4-22。

代码 4-22　在 service 包下添加接口 IStudentService

```
package com.example.demo.service;
import com.example.demo.entity.Student;
import java.util.List;
public interface IStudentService {
    public List<Student> getAllStudentlist();
}
```

在 service 包下添加包 impl,然后在 impl 包下添加类 StudentService 实现接口 IStudentService,见代码 4-23。

代码 4-23　在 impl 包下添加类 StudentService 实现接口 IStudentService

```
package com.example.demo.service.impl;
import com.example.demo.dao.HBaseDao;
import com.example.demo.entity.Student;
import com.example.demo.service.IStudentService;
import org.springframework.stereotype.Service;
import javax.annotation.Resource;
import java.util.List;
@Service
public class StudentService implements IStudentService {
    @Resource
    HBaseDao hBaseDao;
    @Override
    public List<Student> getAllStudentlist() {
        List<Student> stulist = hBaseDao.getAllStudentlist("select * from student");
        return stulist;
```

        }
    }

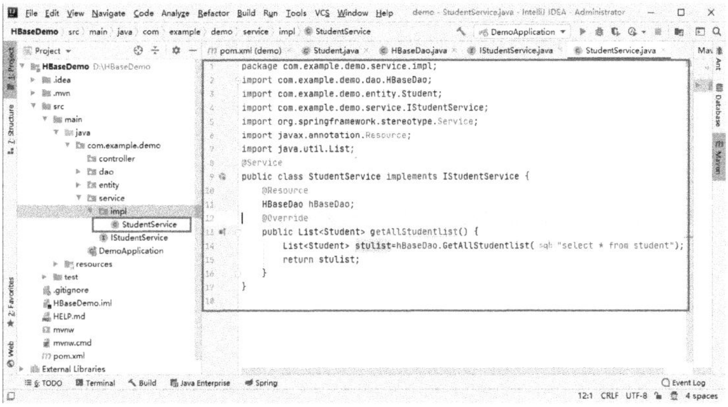

图 4-100　添加类 StudentService 实现接口 IStudentService

在 controller 包中添加类 Index，见代码 4-24。

代码 4-24　在 controller 包中添加类 Index

package com.example.demo.controller;
import com.example.demo.service.IStudentService;
import org.springframework.stereotype.Controller;
import org.springframework.ui.Model;
import org.springframework.web.bind.annotation.RequestMapping;
import javax.annotation.Resource;
import java.util.List;
@Controller
public class Index {
    @Resource
    IStudentService studentService;
    @RequestMapping("/")//http://127.0.0.1/
    public String login(Model model) {
        String res="index";
        List stulist=studentService.getAllStudentlist();
        model.addAttribute("stulist",stulist);
        return res;
    }
}

在 src\main\resources\templates 目录下添加文件 index.html，见代码 4-25。

代码 4-25 添加文件 index.html

```html
<!DOCTYPE HTML>
<html lang="en" xmlns:th="http://www.thymeleaf.org">
<head>
    <meta charset="utf-8">
    <title>Home</title>
</head>
<body>
<div class="width:80%">
    <table border="1">
        <thead>
        <tr><th>ID</th><th>姓名</th><th>年龄</th></tr>
        </thead>
        <tbody>
        <tr th:each="stu: ${stulist}">
            <th th:text="${stu.id}"></th>
            <td th:text="${stu.name}"></td>
            <td th:text="${stu.age}"></td>
        </tr>
        </tbody>
    </table>
</div>
</body>
</html>
```

启动程序前，请确保 Windows 本地的 C:\Windows\System32\drivers\etc\host 文件中已经添加了 HBase 主机名称与 IP 地址的映射，如图 4-101 所示。

图 4-101　IP 地址的映射

启动程序,在浏览器地址栏中输入:http://127.0.0.1,如图4-102、图4-103所示。

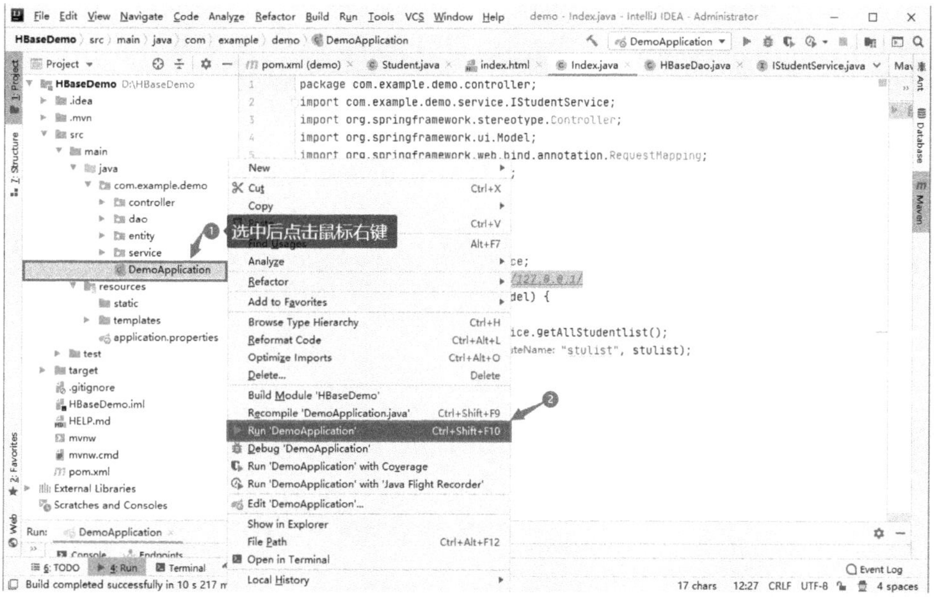

图 4-102 启 动 程 序

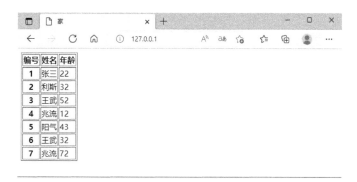

图 4-103 访问 HBase 的数据成功

访问链接,我们发现通过 IDEA 创建 SpringBoot 应用访问 HBase 的数据成功。

4.4.3 任务回顾

(1) 使用 Maven 配置 Phoenix 驱动。
(2) 使用 SpringBoot 创建 Web 项目对 HBase 进行数据查询。

综合练习

1. 单选题:以下哪个命令可以在 Linux 下实现定时任务调度?(　　)
   A. iptables　　B. systemctl　　C. crontab　　D. contab
2. 单选题:通过 Java 程序连接 MySQL 数据库,建立连接的对象是?(　　)

  A. Statement   B. Command   C. Result   D. Connection

3. 单选题：将第三方 jar 包安装到 Maven 的本地仓库，使用的命令是？（ ）

  A. install   B. mvn -v   C. mvn input   D. mvn install

4. 简答题：使用 SpringBoot 技术访问 HBase 的核心步骤有哪些？

项目 5　使用 ECharts 实现电力系统大数据可视化

场景导入

电网大数据独具特色,具有体量大、类型多、变化速度快等特征,全社会的用电大数据可为国家宏观经济决策提供支持。数据可视化分析可辅助电网企业洞察数据价值,实现用户与数据的交互,方便用户控制数据,将大规模、高纬度的数据以可视化形式完美地展示出来。利用 ECharts 可视化库,可以对各类业务进行前瞻性预测分析,并为电网企业各层次用户提供统一的决策分析支持,提升数据共享与流转能力。

EChars 来自百度商业前端数据可视化团队,是一个纯 JavaScript 图表库,可提供直观、生动、可交互、可个性化定制的数据可视化图表,包括折线图、柱状图、散点图、饼图、K 线图、地图、关系图、旭日图等。本项目主要带领大家认识 ECharts 的常用图表并结合电力大数据业务展示常用图表的构建方法。

通过本项目的学习,培养学生的团队合作意识,增强学生服务国家、服务人民的社会责任感。

知识路径

任务 5.1　认识 ECharts

我们先来全面认识 ECharts。本任务内容包括 ECharts 概述、发展历史、特性以及 ECharts 与同类产品的对比,重点是 ECharts 的各种优秀特性。

5.1.1　ECharts 概述

ECharts(Enterprise Charts),商业级数据图表是百度的开源的数据可视化工具,可在 PC 端和移动端上使用,兼容 IE6/7/8/9/10/11、Chrome、Firefox、Safari 等大部分浏览器。由纯 JavaScript 实现的图表库,底层依赖轻量级的矢量图形库 ZRender,在提供多种可视化图表的基础上,让用户可以个性化定制所需图表。通过创新的拖拽重计算、数据视图、值域漫游等特性增强了用户体验,使用户也能够拥有对数据进行挖掘、整合的能力。ECharts 支持柱状图、散点图、饼图(环形图)、K 线图、地图、力导向布局图、和弦图等图表,同时支持任意维度的增积和多图表混搭展现。目前,已经有非常多的机构和企业使用了 ECharts,如国家统计局、国家电网、中国石化、新华社、阿里巴巴、腾讯、小米、网易等。

2012 年,当时的百度凤巢前端技术负责人林峰在项目中使用 Canvas 制作图表,编写出 ZRender。ZRender 在当时是一种全新的轻量级 Canvas 类库(ECharts 正是源自 ZRender),最开始是为了满足百度公司内部商业报表需求而设计的。之后,百度组建了百度商业前端通用技术组,而数据可视化成为该技术组的重要研究内容,并在内部成立了可视化团队。

2013 年 6 月 30 日,ECharts 发布 1.0 版本,并入选"2013 年国产开源软件 10 大年度热门项目",同时在"2013 年度最新的 20 大热门开源软件"中排第一名。

2014 年,ECharts 推出"ECharts 数说世界杯",通过多图联动,多维度、多视角地对世界杯数据进行可视化分享。

2014 年 6 月 30 日,ECharts 发布 2.0 版本。新版本对近 5 万行代码进行了全面重构,从底层的 ZRender 到整个 ECharts,使性能得到 3 倍以上的提升,内存消耗明显降低,更适用于大数据和多图场景,在当时的浏览器大数据场景下测试得到 20 万数据秒级成图。同时,2.0 版本支持状态过渡动画,新增了时间轴、仪表盘、漏斗图这类常用的商业 BI 类图表。

2015 年 1 月 30 日,ECharts 2.2.0 发布,修复并升级了近 50 项反馈内容,优化了大量移动设备的性能和用户体验,同时 ECharts 第一个官方分支版本 ECharts Mobile (ECharts-m)1.0.0 发布。

2015 年 12 月 3 日,ECharts 3 beta 版发布,新增了更多的内容,例如,实现了数据和坐标系的抽象及统一,实现了更深度的交互式数据探索,移动端支持,更丰富的视觉编码手段，精致的动画效果等。

2016年6月30日，ECharts 3.2版本发布，新增刷选、markArea、单轴等组件，优化升级折线图、线图、dataZoom、坐标轴等，引入渐进式渲染和单独高亮层，防止阻塞。

2017年4月14日，ECharts GL发布1.0 alpha，作为ECharts的WebGL扩展，提供了三维散点图、飞线图、柱状图、曲面图、地球等多种三维可视化组件。

2017年5月26日，ECharts发布3.6.0版本。新增自定义系列，从此渲染逻辑可以自定义，可以定制更多特殊需求的图表；新增极坐标柱状图；强化dataZoom组件，优化区域缩放体验等。

2017年6月20日，ECharts与阿里DataV联袂合作，DataV接入ECharts的组件库。2017年12月22日，ECharts和国内另一数据可视化产品——海致BDP强强联合，通过输出给BDP强大丰富的可视化展示方案，为企业带来更加贴近业务需求的商业智能新玩法。这是继ECharts 2017年和阿里云DataV宣布合作后的又一重要战略合作。

2018年1月16日，ECharts发布4.0版本，全新8项新特征，包括千万级数据可视化渲染能力、SVG+Canvas双引擎、全新旭日图、数据与样式分离、更扁平的配置项、无障碍访问支持、微信小程序支持、PowerPoint插件。同一天，ECharts GL 1.0正式版发布，极大地提升了稳定性、易用性，具备更加丰富的功能，能够轻松满足数据大屏、智慧城市、VR、AR等高质量展示需求。同时，全新品牌"百度数据可视化实验室"正式成立。

2018年3月，全球著名开源社区Apache基金会宣布"百度开源的ECharts项目全票通过进入Apache孵化器"。

2019年12月7日，ECharts首场线下交流会在上海举办。

2020年5月26日，ECharts 4.8.0版本发布。作为连续3年(2017—2019年)荣获最受欢迎中国开源软件之一，ECharts的应用会更加广泛。

截至2022年5月27日，ECharts 5.3.0版本发布，在动画表达力、渲染性能、服务端渲染上做了大幅度的增强，同时也新增了多坐标轴刻度自动对齐、tooltip数值格式化、地图投影等社区中期盼已久的特性。

5.1.2 ECharts的特性

ECharts有很多优秀特性，这也是ECharts能够如此受欢迎的原因。主要特性有以下几个方面。

1. 丰富的可视化类型

ECharts除了提供了常规的折线图、柱状图、散点图、饼图、K线图，用于统计的盒形图，用于地理数据可视化的地图、热力图、线图，用于关系数据可视化的关系图、treemap、旭日图，多维数据可视化的平行坐标之外，还提供了用于BI的漏斗图、仪表盘，并且支持图与图之间的混搭。

其内置了功能丰富的图表，ECharts还提供了自定义系列，只需要传入一个

renderItem 函数,就可以从数据映射到任何我们想要的图形,更值得称赞的是,这些还都能和已有的交互组件结合使用而不需要操心其他事情。

我们可以在下载界面下载包含所有图表的构建文件,如果只是需要其中一两个图表,也可以在在线构建中选择需要的图表类型后自定义构建。

2. 多种数据格式无须转换直接使用

ECharts 内置的 dataset 属性(4.0+)支持直接传入,包括二维表、key-value 对等多种格式的数据源,通过简单地设置 encode 属性就可以完成从数据到图形的映射,这种方式省去了大部分场景下数据转换的步骤,而且多个组件能够共享一份数据而不用克隆。

在配合大数据量的展现方面,ECharts 还支持输入 TypedArray 格式的数据,TypedArray 在大数据量的存储中可以占用更少的内存,对 GC 友好等特性也可以大幅度提升可视化应用的性能。

3. 千万数据前端流畅展现

通过增量渲染技术(4.0+),配合各种细致的优化,ECharts 能够展现千万级的数据量,并且在这个数据量级依然能够进行流畅的缩放平移等交互。

ECharts 同时提供了对流加载(4.0+)的支持,例如几千万的地理坐标数据,如图 5-1 所示,即使使用二进制存储也要占上百兆的空间,我们可以使用 WebSocket 或者对数据分块后加载,边加载边渲染,不需要等待所有数据加载完再进行绘制。

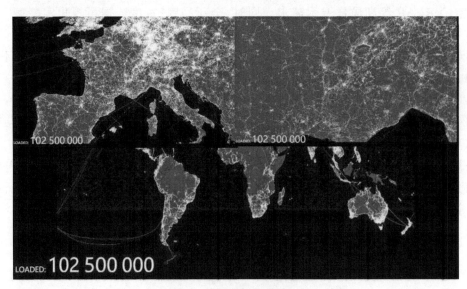

图 5-1 地理坐标数据渲染

4. 移动端优化

ECharts 针对移动端交互做了细致的优化,例如,移动端小屏上适于用手指在坐标系中进行缩放、平移。PC 端也可以用鼠标在图中进行缩放(用鼠标滚轮)、平移等。

细粒度的模块化和打包机制可以让 ECharts 在移动端也拥有很小的体积,SVG 渲染模块是可选的,如图 5-2 所示。

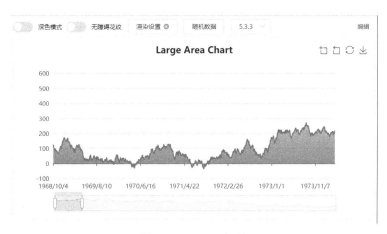

图 5-2　SVG 渲染

5. 多渲染方案，跨平台使用

ECharts 支持以 Canvas、SVG(4.0+)、VML 的形式渲染图表。VML 可以兼容低版本 IE，SVG 使得移动端不再为内存不足而烦恼，Canvas 可以轻松应对大数据量和特效的展现。不同的渲染方式提供了更多选择，使得 ECharts 在各种场景下都有更好的表现。

除了支持 PC 和移动端的浏览器，ECharts 还能在 node 上配合 node-canvas 进行高效的服务端渲染(SSR)。从 ECharts4.0 开始还提供了 ECharts 对小程序的适配。

社区热心的贡献者也为 ECharts 提供了丰富的其他语言扩展，例如，Python 的 pyecharts，R 语言的 recharts，Julia 的 ECharts.jl，等等。

6. 深度的交互式数据探索

交互是从数据中发掘信息的重要手段。"总览为先，缩放过滤按需查看细节"是数据可视化交互的基本需求。

ECharts 一直在交互上不断探索前进，提供了图例、视觉映射、数据区域缩放、tooltip、数据刷选等开箱即用的交互组件，可以对数据进行多维度数据筛取、视图缩放、展示细节等交互操作，如图 5-3 所示。

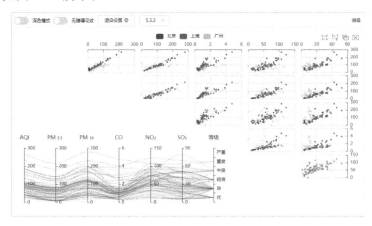

图 5-3　深度交互式数据渲染

7. 多维数据的支持以及丰富的视觉编码手段

从 ECharts 3 开始加强了对多维数据的支持。加入了平行坐标等常见的多维数据可视化工具，而且对于传统的散点图等，传入的数据也可以是多个维度的。配合视觉映射组件 visualMap 提供的丰富的视觉编码，能够将不同维度的数据映射到颜色、大小、透明度、明暗度等不同的视觉通道，如图 5-4 所示。

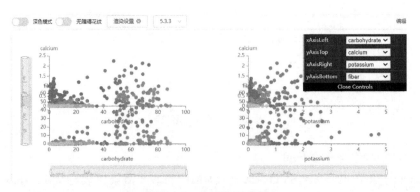

图 5-4　多维数据支持

8. 通过 GL 实现更多更强大绚丽的三维可视化

ECharts 提供了基于 WebGL 的 ECharts GL，可以跟使用 ECharts 普通组件一样轻松地使用 ECharts GL 绘制出三维的地球、建筑群、人口分布的柱状图，在此基础之上还提供了不同层级的画面配置项，几行配置就能得到艺术化的画面，如图 5-5 所示。

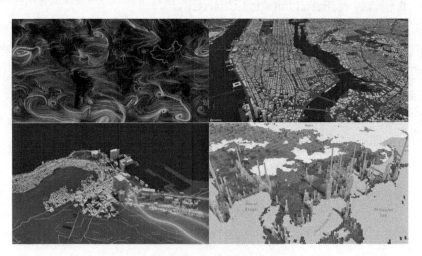

图 5-5　三维可视化

9. 无障碍访问

ECharts 4.0 遵从 W3C 制定的无障碍富互联网应用规范集，支持对可视化生成描述，使盲人可以通过语音了解图表的内容。

除了上面提到的 ECharts 特性，还有更多惊喜在 ECharts 中，大家在今后的学习使用中可以慢慢挖掘。

5.1.3 任务回顾

(1) ECharts 的来源及发展历程。

(2) ECharts 的特性,包括丰富的可视化类型、多种数据格式无须转换直接使用、千万数据前端流畅展现、移动端优化、多渲染方案、跨平台使用、深度的交互式数据探索、多维数据的支持以及丰富的视觉编码手段、通过 GL 实现更多更强大绚丽的三维可视化、无障碍访问等。

任务5.2 搭建开发环境

使用 ECharts 访问数据源实现柱状/条形图。JavaWeb 项目主要是获取和组装 ECharts 柱状图所需要的数据。通过查询数据源,获取原始数据,并在 Java 程序中处理,将数据转换为维度数组和度量数据数组,最终在页面上就可以展示出数据对应的柱状图。

JavaWeb 项目使用 SpringBoot+MyBatis 框架。数据源使用 MySQL 数据库。

5.2.1 后台环境搭建

目前主流的前台开发工具是 VSCode,但是本项目比较简单,更适合单体项目架构。所以本项目的前台后台开发都使用了 IDEA。

如图 5-6 所示,在 IDEA 开发工具中创建 Maven 项目,并在 pom.xml 中添加依赖,见代码 5-1。

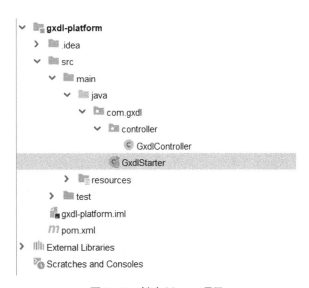

图 5-6 创建 Maven 项目

代码 5-1　在 pom.xml 中添加依赖

```xml
<parent>
    <groupId>org.springframework.boot</groupId>
    <artifactId>spring-boot-starter-parent</artifactId>
    <version>2.3.0.RELEASE</version>
</parent>
<groupId>com.dt</groupId>
<artifactId>gxdl-platform</artifactId>
<version>1.0-SNAPSHOT</version>
<dependencies>
    <dependency>
        <groupId>org.springframework.boot</groupId>
        <artifactId>spring-boot-starter-web</artifactId>
    </dependency>
</dependencies>
```

在 java 文件夹中添加 com.gxdl 包,在这个包中创建 GxdlStarter 启动类,见代码 5-2。

代码 5-2　在 java 文件夹中添加 com.gxdl 包

```java
import org.springframework.boot.SpringApplication;
import org.springframework.boot.autoconfigure.SpringBootApplication;
@SpringBootApplication
public class GxdlStarter {
    public static void main(String[] args) {
        SpringApplication.run(GxdlStarter.class);
    }
}
```

为了测试项目的启动,我们再创建一个 com.gxdl.controller 包,在包中创建 GxdlController 类,见代码 5-3。

代码 5-3　创建 com.gxdl.controller 包,并在包中创建 GxdlController 类

```java
import org.springframework.web.bind.annotation.RequestMapping;
import org.springframework.web.bind.annotation.RestController;

import java.util.List;
import java.util.Map;
```

```java
@RestController
public class GxdlController {
    //测试项目启动
    @RequestMapping("/index")
    public String index(Integer month){
        return "hello,springboot!";
    }
}
```

然后运行 GxdlStarter 类的 main 方法。运行成功后,在浏览器中输入地址 http://127.0.0.1:8080/index,访问 controller 中的 index 链接,结果如图 5-7 所示。至此后台开发环境的搭建就完成了。

图 5-7　index 运行结果

5.2.2　前台环境搭建

在 5.2.1 中,我们提到本项目采用单体架构,也就是说 ECharts 所在的 HTML 页面也是放在后台项目中的。我们只需要在项目的 resources 中添加 static 文件夹,在 static 文件夹中创建 HTML 页面。后续所有的静态资源及 HTML 页面都是放在这个文件夹中,如图 5-8 所示。

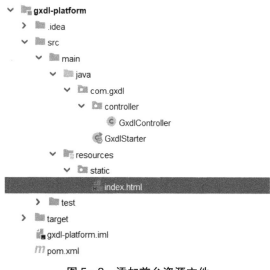

图 5-8　添加前台资源文件

添加 index.html 页面后，我们重新启动项目，并在浏览器中访问 http://127.0.0.1:8080/index.html 链接，结果如图 5-9 所示。

图 5-9　index.html 访问结果

页面可以正常访问后，我们需要添加 ECharts 依赖。在 HTML 页面中引入 ECharts，可以按照官网（https://echarts.apache.org/handbook/zh/get-started）的提示操作，有两种方式。

1. CDN 方式引入

打开 https://www.jsdelivr.com/package/npm/echarts，本书中使用的是 ECharts 4.8 版本。所以选择 ECharts 4.8 并下载所有文件。

在项目中我们只需要 dist/echarts.js 文件，map/js/china.js 文件。将解压好的文件复制到项目的 static 文件中。为了完成前台 Ajax 请求，我们还引入了 jQuery，如图 5-10 所示。

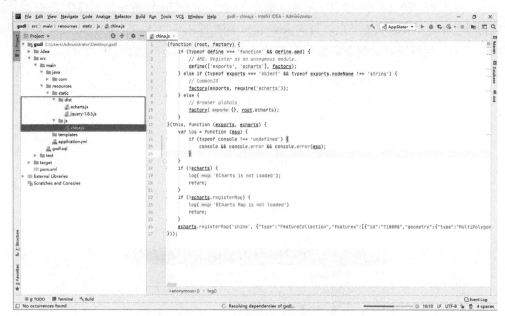

图 5-10　引入 ECharts 依赖文件

然后我们在 index.html 中创建一个柱状图进行测试。代码不需要全部手写,我们可以将官网的案例复制进来再修改(https://echarts.apache.org/examples/zh/editor.html?c=pie-simple),见代码 5-4。

代码 5-4 在 index.html 中创建柱状图测试案例

```
<!DOCTYPE html>
<html>
<head>
    <meta charset="utf-8" />
    <title>电力大数据可视化</title>
    <!--引入刚刚下载的 ECharts 文件-->
    <script src="dist/echarts.js"></script>
</head>
<body>
<h1>电力大数据可视化</h1>
<!--为 ECharts 准备一个定义了宽高的 DOM-->
<div id="main" style="width:600px;height:400px;"></div>
<script type="text/javascript">
    //基于准备好的 dom,初始化 echarts 实例
    var myChart = echarts.init(document.getElementById('main'));

    //指定图表的配置项和数据
    var option = {
        title:{
            text:'ECharts 入门示例'
        },
        tooltip:{},
        legend:{
            data:['销量']
        },
        xAxis:{
            data:['衬衫','羊毛衫','雪纺衫','裤子','高跟鞋','袜子']
        },
        yAxis:{},
        series:[
            {
```

```
            name:'销量',
            type:'bar',
            data:[5,20,36,10,10,20]
          }
        ]
      };
      //使用刚指定的配置项和数据显示图表。
      myChart.setOption(option);
    </script>
  </body>
</html>
```

修改完毕后重新启动项目,并重新访问 http://127.0.0.1:8080/index.html,结果如图 5-11 所示。

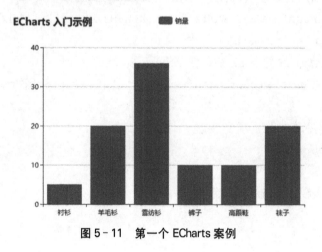

图 5-11 第一个 ECharts 案例

2. NPM 安装 ECharts

本文没有使用这种安装方式,如果需要这种开发方式,可以参考官网(https://echarts.apache.org/handbook/zh/basics/import/)。

5.2.3 数据源

本项目中的数据是存储在 MySQL 中的。数据均来自网络。如图 5-12~图 5-14 所示,数据表有 all_pro_data、industrial_data、resident_data。其中 all_pro_data 表中包含的是所有省份电力每月消耗数据,industrial_data 表中包含的是工业用电数据,resident_data 表中包含的是居民用电数据。

列名	数据类型	长度	默认	主键?	非空?	Unsigned	自增?	Zerofill?	注释
id	int	11		☑	☑	☐	☑	☐	主键
province	varchar	255		☐	☐	☐	☐	☐	省
gross	int	11		☐	☐	☐	☐	☐	用电量
month	varchar	255		☐	☐	☐	☐	☐	日期

图 5－12　all_pro_data 表

列名	数据类型	长度	默认	主键?	非空?	Unsigned	自增?	Zerofill?	注释
id	int	11		☑	☑	☐	☑	☐	主键
province	varchar	255		☐	☐	☐	☐	☐	省
city	varchar	255		☐	☐	☐	☐	☐	市
district	varchar	255		☐	☐	☐	☐	☐	区
park	varchar	255		☐	☐	☐	☐	☐	园区
company	varchar	255		☐	☐	☐	☐	☐	企业
a_item	int	11		☐	☐	☐	☐	☐	A项
b_item	int	11		☐	☐	☐	☐	☐	B项
c_item	int	11		☐	☐	☐	☐	☐	C项
gross	int	11		☐	☐	☐	☐	☐	总量
date	date			☐	☐	☐	☐	☐	日期

图 5－13　industrial_data 表

列名	数据类型	长度	默认	主键?	非空?	Unsigned	自增?	Zerofill?	注释
id	int	11		☑	☑	☐	☑	☐	主键
province	varchar	255		☐	☐	☐	☐	☐	省
city	varchar	255		☐	☐	☐	☐	☐	市
district	varchar	255		☐	☐	☐	☐	☐	区
community	varchar	255		☐	☐	☐	☐	☐	小区
gross	int	11		☐	☐	☐	☐	☐	用电量
date	date			☐	☐	☐	☐	☐	日期

图 5－14　resident_data 表

5.2.4　前后台交互

在前台页面中使用 ECharts 组件。我们无须从零开始编写代码，可以直接复制官网提供的案例代码，然后再将整理好的数据代入 ECharts 组件即可。所以，组装数据是 ECharts 图表最主要的工作。我们在 SpringBoot 后台中使用 MyBatis 持久化框架访问 MySQL 数据库，并在 Service 层将数据组装成 ECharts 所需要的类型。在前台页面中使用 Ajax 请求数据，并将封装好的数据传入 ECharts 组件中即可完成图表。

使用 jQuery 请求后台数据如代码 5－5 所示。

代码 5－5　使用 jQuery 请求后台数据

```
var dataList=[];
$.ajax({
    type:"GET",
    url:"getIndustrialPark",
    async:false,
    success:function(data) {
        console.log(data);
        dataList=data;
    }
});
```

5.2.5 任务回顾

(1) ECharts 可视化项目前台和后台的环境的搭建过程。

(2) 前台通过 ECharts 组件,异步请求获取到后台处理好的数据,并将数据添加到 ECharts 的图表中,生成图表。

任务5.3 电力大数据 ECharts 可视化图表

本任务我们将学习 ECharts 的各种可视化图以及 ECharts 可视化的各种常用组件。通过本任务的学习,我们可以掌握 ECharts 提供的各类基础可视化图,为之后的复杂可视化图打下坚实基础。

目前,ECharts 的官网展示的共有可视化图表包括折线图、面积图、柱状图、条形图、饼图、环形图、散点图、气泡图、仪表图、关系图、热力图、矩形树图、雷达图、玫瑰图、箱线图、瀑布图、漏斗图、词云图(ECharts 2.0 及更高版本官网有展示)、直方图、甘特图、桑基图、河流图、和弦图、误差图、混合图、3D 图、地图(Highmaps 展示)、树图、路径图、旭日图、象形柱图、日历坐标系等。

5.3.1 ECharts 图表的常用组件

在本小节中,我们将学习 ECharts 的常用组件,这些组件包括标题、提示框、工具栏、图例、时间轴、数据区域缩放、网格、坐标轴、数据系列、全局字体样式等。通过学习这些常用组件,我们可以了解一幅可视化作品的关键组成部分,为之后的深入学习打好坚实基础。所谓"磨刀不误砍柴工",我们在绘制数据可视化图表之前,有必要先学习 ECharts 数据可视化的相关组件和内容。

我们在这里只列举了一些案例中可能使用到的组件,更多关于组件的内容大家可以参考官方网站(https://echarts.apache.org/zh/option.html#title)。

1. 标题

在 ECharts 中,标题一般包括主标题和副标题,标题的相关参数可以在 option 中的 title 内配置。下面列举一些常用的参数。

text:主标题文本,支持用\n 换行。

subtext:副标题文本,支持用\n 换行。

left:与容器左侧的距离,其取值可以是具体像素值,例如 10;也可以是相对于容器的百分比值,例如 10%;还可以是更常用的 left、center、right,可以理解为左对齐、居中、右对齐。

show:是否显示标题组件,取值为布尔型数据,默认为 true。

标题组件代码如代码 5-6 所示。

代码 5-6　标 题 组 件

```
//标题组件
title:{
    text:dataMap["proname"]+'省到'+dataMap["month"]+'月用电量仪表盘',
    subtext:'Fake Data',
    left:'center'
},
```

2. 提示框

在 ECharts 中,提示框组件称为 tooltip,它的作用是在合适的时机向用户提供相关信息。下面列举一些常用的参数。

trigger:触发类型,可选的参数有 item(图形触发)、axis(坐标轴触发)、none(不触发)。
formatter:提示框浮层内容格式器,一般使用字符串模板。
提示框组件代码如代码 5-7 所示。

代码 5-7　提 示 框 组 件

```
//提示框组件
tooltip:{
    trigger:'item'
},
```

3. 工具栏

在 ECharts 中,工具栏组件称为 toolbox。通过设置工具栏,我们可以将可视化下载到本地,或者查看可视化的底层数据等。下面列举一些常用的参数。

show:是否显示工具栏组件,取值为布尔型数据,默认为 true。

feature:各工具配置项,其中包含很多常用的子参数,如 saveAsImage、restore、dataView、magicType 等。其中,saveAsImage 是将可视化结果保存在本地,restore 是将可视化还原到初始的设置,dataView 可以看到可视化的底层数据视图,magicType 则可以将一种可视化转为另一种可视化。

工具栏组件代码如代码 5-8 所示。

代码 5-8　工 具 栏 组 件

```
toolbox:{
    feature:{
        myTool1:{
            show:true,
            title:'自定义扩展方法 1',
```

```
            onclick:function () {
                alert('myToolHandler1');
            }
        }
    }
},
```

4. 图例

在 ECharts 中,图例组件称为 legend,其作用是区分不同的数据展示。下面列举一些常用的参数。

show:是否显示图例组件,取值为布尔型数据,默认为 true。

left:与容器左侧的距离,其取值可以是具体像素值,例如 10;也可以是相对于容器的百分比值,例如 10%;还可以是更常用的 left、center、right,可以理解为左对齐、居中、右对齐。

top:与容器顶部的距离,其取值可以是具体像素值。

图例组件代码如代码 5-9 所示。

代码 5-9　图　例　组　件

```
//图例组件
legend:{
    orient:'vertical',
    left:'left'
},
```

5. 时间轴

在使用方法上,timeline 和之前介绍的组件略有差异,使用时会存在多个 option,可以将 ECharts 传统的 option 称为原子 option,将使用 timeline 时用到的 option 称为包含多个原子 option 的复合 option。

时间轴代码如代码 5-10 所示。

代码 5-10　时　间　轴

```
timeline:{
    axisType:'category',
    autoPlay:true,
    data:dataList['districts']
},
```

6. 网格

可以通过 grid 在可视化坐标系中控制可视化展示时的网格大小,常用的参数除了之前提到的位置参数,如 left、top、right、bottom 等,还有 width(grid 组件的宽度)、height(组件的高度),两者默认的参数都是 auto,即自适应,当然也可以指定具体数值。

网格代码如代码 5-11 所示。

代码 5-11 网　　格

```
grid:{
    shadowColor:'rgba(0,0,0,0.5)',
    shadowBlur:10
},
```

7. 坐标轴

一般来说,我们最常用的坐标轴是直角坐标系,尤其是二维的直角坐标系,所以,横轴(xAxis)和纵轴(yAxis)最常被使用。关于 xAxis 和 yAxis 的常用参数如下所示。

position:指定 x 轴的位置,可选参数有 top(顶部)和 bottom(底部)。

type:指定坐标轴的类型。可选参数有 4 种:"value",表示数值类型的轴,适用于连续型数据;"category",表示类别类型的轴,适用于离散的类别型数据;"time",表示时间类型的轴,适用于连续的时间序列数据;"log",表示对数类型的轴,适用于对数数据。

name:坐标轴的名称。

nameLocation:坐标轴的名称显示位置。可选参数有 3 种:"start、middle/center、end",分别是开始、中间、结束位置。修改 3.1 节的代码,对 option 中的 xAxis 和 yAxis 添加部分参数,加入坐标轴的名称分别为横轴的"产品名称"和纵轴的"产品销量",并将坐标轴名称都设置为居中显示(center)。加入文字显示时需偏移一定距离的原因是避免坐标轴名称文字与 x 轴、y 轴的刻度上的文字重叠。

坐标轴代码如代码 5-12 所示。

代码 5-12 坐　标　轴

```
xAxis:{
    type:'category',
    boundaryGap:false,
    data:keyarr
},
yAxis:{
    type:'value'
},
```

8. 数据系列

一个图表可能包含多个系列,每一个系列可能包含多个数据,所以数据系列(series)主要作为数据的容器。对于每种可视化图表,series 的形式并不完全相同。下面来看一个饼图(pie)的 series 结构。series 是一个数组结构,使用中括号表示,中括号内的每个部分用大括号包含,每个大括号类似一个字典结构,包含键(key)和值(value)。例如,代码中的 name 为键,"访问来源"为值;type 指定了图为 pie(饼图);radius 指定了饼图的半径大小,以图在图框中的占比表示大小;data 中包含了饼图中每块饼的数据内容。

数据系列代码如代码 5-13 所示。

代码 5-13 数 据 系 列

```
series:[
    {
        name:'用电量',
        type:'pie',
        radius:'50%',
        data:dataList,
        emphasis:{
            itemStyle:{
                shadowBlur:10,
                shadowOffsetX:0,
                shadowColor:'rgba(0,0,0,0.5)'
            }
        }
    }
]
```

9. 全局字体样式

在制作可视化时,常常会用到文字展示,此时选择一种合适字体的样式与可视化搭配显得尤为重要。在全局字体样式(textStyle)中,我们可以定义全局的字体样式显示,常用的参数及其说明如下。

color:字体的颜色。

全局字体样式代码如代码 5-14 所示。

代码 5-14 全局字体样式

```
textStyle:{
    lineHeight:56,
    rich:{
```

```
        a:{
            //没有设置'lineHeight',则'lineHeight'为 56
        }
    }
}
```

5.3.2 柱状/条形图

本节是通过 Java 后台获取和组装 ECharts 柱状图所需要的数据,使用 Echarts 访问数据源实现柱状/条形图。通过查询数据源获取原始数据,并在 Java 程序中处理,将数据转换为维度数组和度量数据数组,最终在页面上就可以展示出数据对应的柱状图。

在页面中首先要引入 ECharts 的依赖文件,然后参考 ECharts 官方提供的柱状图案例代码,按照需求对常用组件进行修改,柱状图和条形图的 type 属性为 bar。在 HTML 文件中使用 JavaScript 调用后端接口 provincePower,获取数据,并将数据按照柱状图需要的格式放入两个不同的列表中。将处理好的数据代入即可得到柱状图。柱状图案例代码如代码 5-15 所示。

代码 5-15 柱 状 图 案 例

```
var dataList=null;
var keyarr=[];
var valarr=[];
$.ajax({
    type:"GET",
    url:"provincePower",
    async:false,
    success:function(data) {
        dataList=data;

        for(var key in dataList.slice(0,dataList.length-1)){
            keyarr.push(Number(key)+2);
            valarr.push(dataList[key]);
            console.log(key);
            console.log(dataList[key]);
        }
    }
```

```javascript
});
var myChart = echarts.init(document.getElementById('main'));
function randomValue() {
    return Math.round(Math.random() * 1000);
}
option = {
    //标题组件
    title: {
        text: '广西省工业电力消耗',
        subtext: 'Fake Data',
        left: 'center'
    },
    //提示框组件
    tooltip: {
        trigger: 'item'
    },
    //图例组件
    legend: {
        orient: 'vertical',
        left: 'left'
    },
    xAxis: {
        data: keyarr
    },
    color: ['#5470c6'],
    yAxis: {},
    series: [
        {
            data: valarr,
            type: 'bar'
        }
    ]
};
myChart.setOption(option);
```

代码运行的结果如图 5-15 所示。

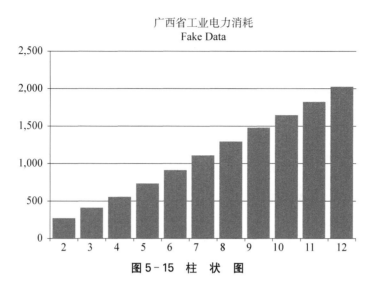

图 5-15 柱 状 图

条形图和柱状图的区别是 xAxis 和 yAxis 两个参数的值设置，如代码 5-16 所示。

代码 5-16　xAxis 和 yAxis 两个参数的值设置

```
xAxis:{
    type:'value',
},
yAxis:{
    type:'category',
    data:keyarr
}
```

运行结果如图 5-16 所示。

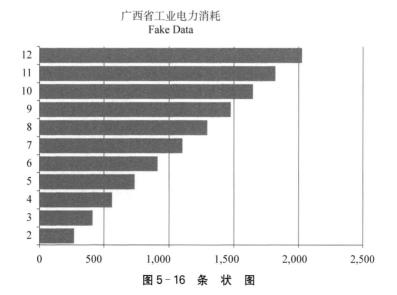

图 5-16 条 状 图

5.3.3 折线/面积图

本节主要带领大家认识 ECharts 图表中的折线/面积图。折线图属于趋势类分析图表,一般用于表示一组数据在一个有序数据类别(多为连续时间间隔)上的变化情况,用于直观分析数据变化趋势。在折线图中,可以清晰地观测到数据在某一个周期内的变化,主要反映在下面几个方面:

(1) 递增性或递减性。
(2) 增减的速率情况。
(3) 增减的规律(如周期变化)。
(4) 峰值和谷值。

所以,折线图是用于分析数据随时间变化趋势的最佳选择。同时,也可以绘制多条折线用于分析多组数据在同一时间周期的变化趋势,进而分析数据之间的相互作用和影响(如同增同减,成反比等)。

在页面中首先要引入 ECharts 的依赖文件,然后将 ECharts 官方提供的折线图案例代码复制进来,按照需求对常用组件进行修改,折线图和面积图的 type 属性为:line。在 HTML 文件中使用 JavaScript 调用后端接口:getGuangXiIndustrial?month=9 获取数据。将数据替换为后台请求获得的数据即可得到默认样式的折线图,如代码 5-17 所示。

代码 5-17 折线/面积图案例

```javascript
var keyarr=[];
var valarr=[];
$.ajax({
    type:"GET",
    url:"getGuangXiIndustrial?month=9",
    async:false,
    success:function(data) {
        var dataList=data;
        keyarr=dataList['name'];
        valarr=dataList['val'];
    }
});

var myChart=echarts.init(document.getElementById('main'));
option={
```

```
    title:{
        text:'广西南宁各行政区用电量',
        subtext:'Fake Data',
        left:'center'
    },
    tooltip:{
        trigger:'item'
    },
    legend:{
        orient:'vertical',
        left:'left'
    },
    color:['#5470c6'],
    xAxis:{
        type:'category',
        //boundaryGap:false,
        data:keyarr
    },
    yAxis:{
        type:'value'
    },
    series:[
        {
            data:valarr,
            type:'line',
            //areaStyle:{}
        }
    ]
};

option && myChart.setOption(option);
```

代码运行的结果如图 5-17 所示。

面积图和折线图的区别就是 xAxis 和 series 参数,如代码 5-18 所示。

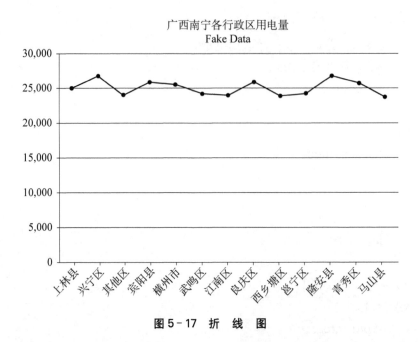

图 5-17 折 线 图

代码 5-18 xAxis 和 series 参数

```
xAxis:{
    type:'category',
    boundaryGap:false,
    data:keyarr
},
series:[
    {
        data:valarr,
        type:'line',
        areaStyle:{}
    }
]
```

代码运行的结果如图 5-18 所示。

5.3.4 饼图

本节主要带领大家认识 ECharts 图表中的饼图。饼图用于表示不同分类的占比情况,通过弧度大小来对比各种分类。饼图通过将一个圆饼按照分类比例划分成多个区块,整个圆饼代表数据的总量,每个区块表示该分类占总体的比例大小,所有区块相加的和等于 100%。

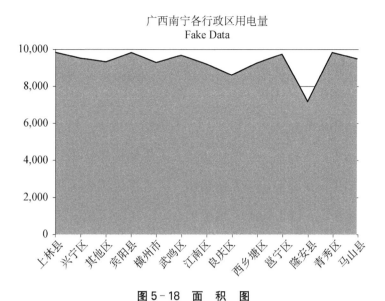

图 5-18 面 积 图

在页面中首先要引入 ECharts 的依赖文件,然后将 ECharts 官方提供的饼图案例代码复制进来,按照需求对常用组件进行修改,饼图的 type 属性为:pie。在 HTML 文件中使用 JavaScript 调用后端接口 getGuangXiIndustrial?month=9 获取数据,并将数据按照饼图的需要组装数据。饼图案例代码如代码 5-19 所示。

代码 5-19 饼 图 案 例

```
var dataList=[ ];
$.ajax({
    type:"GET",
    url:"getIndustrialPark",
    async:false,
    success:function(data) {
        console.log(data);
        dataList=data;
    }
});
var myChart=echarts.init(document.getElementById('main'));
option={
    title:{
        text:'南宁鸿基工业园各企业',
        subtext:'Fake Data',
        left:'center'
```

```
        },
        tooltip:{
            trigger:'item'
        },
        legend:{
            orient:'vertical',
            left:'left'
        },
        series:[
            {
                name:'用电量',
                type:'pie',
                radius:'50%',
                data:dataList,
                emphasis:{
                    itemStyle:{
                        shadowBlur:10,
                        shadowOffsetX:0,
                        shadowColor:'rgba(0,0,0,0.5)'
                    }
                }
            }
        ]
    };
    option && myChart.setOption(option);
```

代码运行的结果如图 5-19 所示。

5.3.5 散点图

本节主要带领大家认识 Echarts 图表中的散点图。散点图用于展示数据的相关性和分布关系,由 x 轴和 y 轴两个变量组成。通过因变量(y 轴数值)随自变量(x 轴数值)变化的呈现数据的大致趋势,同时支持从类别和颜色两个维度观察数据的分布情况。

在页面中首先要引入 ECharts 的依赖文件,然后将 ECharts 官方提供的散点图案例代码复制进来,按照需求对常用组件进行修改,散点图的 type 属性为:scatter。将数据替换为后台请求获得的数据即可得到默认样式的散点图。散点图案例代码如代码 5-20 所示。

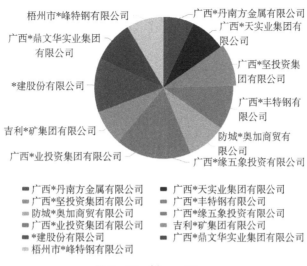

图 5-19 饼 图

代码 5-20 散点图案例

```
var dataList=[];
$.ajax({
    type:"GET",
    url:"getParkHalfYears",
    async:false,
    success:function(data) {
        console.log(data);
        dataList=data;
    },
    error:function (xhr, status, error){
        console.error("AJAX 请求失败:"+error);
    }
});

var myChart=echarts.init(document.getElementById('main'));

option={
    //标题组件
```

```
        title:{
            text:'广西各个工业园区上半年用电量',
            subtext:'Fake Data',
            left:'center'
        },
        //提示框组件
        tooltip:{
            trigger:'item'
        },
        //图例组件
        legend:{
            orient:'vertical',
            left:'left'
        },
        xAxis:{},
        yAxis:{},
        series:[
            {
                symbolSize:20,
                data:dataList,
                type:'scatter'
            }
        ]
    };
    option && myChart.setOption(option);
```

代码运行的结果如图 5-20 所示。

5.3.6 地图数据展现

本节主要带领大家认识 ECharts 图表中的色彩地图。色彩地图以地图轮廓为背景，用色彩的深浅来展示数据的大小和分布范围，还可以直观地显示国家或地区的相关数据指标大小和分布范围。例如，色彩地图可以展示各地的人口数量，或展示各地区的用电量。

色彩地图由地理区域/维度、色彩深浅/度量组成。

(1) 地理区域由数据的维度决定，最多选择 1 个维度，且维度必须为地理信息，例如省份。

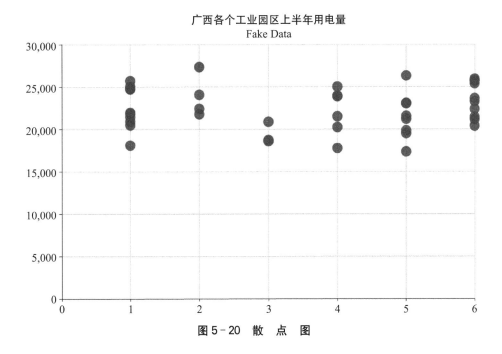

图 5-20 散 点 图

(2) 色彩深浅由数据的度量决定,至少选择 1 个维度,最多选择 5 个维度,例如人口数量和用电总量。

在页面中首先要引入 ECharts 的依赖文件,然后将 ECharts 官方提供的地图案例代码复制进来,按照需求对常用组件进行修改,地图的 type 属性为:map。将数据替换为后台请求获得的数据即可得到色彩地图。地图数据案例代码如代码 5-21 所示。

代码 5-21 地图数据案例

```
var dataList = null;
var tmonth = jQuery("#month").val();
jQuery.ajax({
    type:"GET",
    url:"electricQuantity?month="+tmonth,
    async:false,
    success:function(data){
        console.log(data);
        dataList = data;
    }
});
var myChart = echarts.init(document.getElementById('main'));
function randomValue(){
```

```
        return Math.round(Math.random()*1000);
}
option={
    //标题组件
    title:{
        text:'全国'+tmonth+'月的电力消耗数据地图分布图',
        subtext:'Fake Data',
        left:'center'
    },
    //图例组件
    legend:{
        orient:'vertical',
        left:'left'
    },
    tooltip:{
        formatter:function(params,ticket,callback){
            return params.seriesName+'<br />'+params.name+':'+params.value
        }//数据格式化
    },
    visualMap:{
        min:0,
        max:1500,
        left:'left',
        top:'bottom',
        text:['高','低'],//取值范围的文字
        inRange:{
            color:['lightskyblue','yellow','orangered']//取值范围的颜色
        },
        show:true//图注
    },
    geo:{
        map:'china',
        roam:false,//不开启缩放和平移
        zoom:1.23,//视角缩放比例
        label:{
```

```
                normal:{
                    show:true,
                    fontSize:'10',
                    color:'rgba(0,0,0,0.7)'
                }
            },
        itemStyle:{
            normal:{
                borderColor:'rgba(0,0,0,0.2)'
            },
            emphasis:{
                areaColor:'#F3B329',//鼠标选择区域颜色
                shadowOffsetX:0,
                shadowOffsetY:0,
                shadowBlur:20,
                borderWidth:0,
                shadowColor:'rgba(0,0,0,0.5)'
            }
        }
    },
    series:[
        {
            name:'信息量',
            type:'map',
            geoIndex:0,
            data:dataList
        }
    ]
};
myChart.setOption(option);
myChart.on('click',function(params){
    alert(params.name);
});

var dataList2=null
jQuery(function(){
```

```
        jQuery("#month").change(function(){
            var month=jQuery("#month").val();
            jQuery.ajax({
                type:"GET",
                url:"electricQuantity?month="+month,
                async:false,
                success:function(data) {
                    console.log(data);
                    dataList2=data;
                }
            });
            myChart.setOption({
                //标题组件
                title:{
                    text:'全国'+month+'月的电力消耗数据地图分布图',
                    subtext:'Fake Data',
                    left:'center'
                },
                series:[
                    {
                        name:'信息量',
                        type:'map',
                        geoIndex:0,
                        data:dataList2
                    }
                ]
            });
            //myChart.setOption(option,true)
        })
    })
```

5.3.7 时间线图

本节主要带领大家认识 ECharts 图表中的时间线图。时间线图可以展示某一连续时间段数据发生的变化过程。时间轴由数据的维度决定,只能选择 1 个维度,且维度必须为日期信息。

在页面中首先要引入 ECharts 的依赖文件,然后将 ECharts 官方提供的时间线图案例代码复制进来,只需要将数据替换为后台请求获得的数据即可得到时间线图。时间线图案例代码如代码 5-22 所示。

代码 5-22　时间线图案例

```javascript
var dataList = null;
$.ajax({
    type: "GET",
    url: "getTimeLineData",
    async: false,
    success: function(data) {
        console.log(data);
        dataList = data;
    }
});

var myChart = echarts.init(document.getElementById('main'));

//指定图表的配置项和数据
var option = {
    //标题组件
    title: {
        text: '南宁市全年用电数据时间线图',
        subtext: 'Fake Data',
        left: 'center'
    },
    //提示框组件
    tooltip: {
        trigger: 'item'
    },
    //图例组件
    legend: {
        orient: 'vertical',
        left: 'left'
    },
    baseOption: {
        timeline: {
            axisType: 'category',
```

```
            autoPlay: true,
            data: dataList['districts']
        },
        title: {
            subtext: '数量'
        },
        grid: {},
        color: ['#5470c6'],
        xAxis: [
            {
                'type': 'category',
                'data': ['1月','2月','3月','4月','5月','6月','7月','8月','9月','10月','11月','12月']
            }
        ],
        yAxis: [
            {
                'type': 'value'
            }
        ],
        series: [
            {//系列一的一些其他配置
                type: 'bar'
            }
        ]
    },
    options: dataList['timeLineModels']
};

option && myChart.setOption(option);
```

代码运行的结果如图5-21所示。

5.3.8 南丁格尔玫瑰图

本节主要带领大家认识ECharts图表中的南丁格尔玫瑰图。长得像饼图又不是饼图，这种有着极坐标的统计图有着一个美丽的名字——南丁格尔玫瑰图。南丁格尔玫瑰图（Nightingale rose diagram）又名鸡冠花图（Coxcomb Chart）或极坐标区域图（Polar

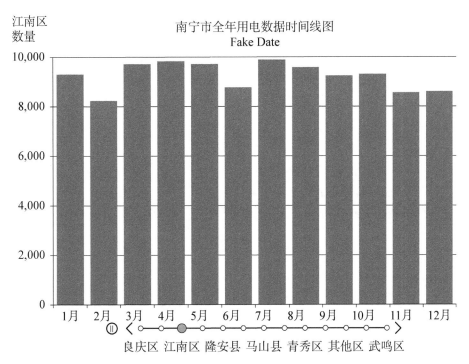

图 5-21 时 间 线 图

area diagram)。

南丁格尔玫瑰图是将柱状图转化为更美观的饼图形式,是极坐标化的柱图。不同于饼图用角度表现数值或占比,南丁格尔玫瑰图使用扇形的半径表示数据的大小,各扇形的角度则保持一致。

在页面中首先要引入 ECharts 的依赖文件,然后将 ECharts 官方提供的南丁格尔玫瑰图案例代码复制进来,将数据替换为后台请求获得的数据即可得到南丁格尔玫瑰图。南丁格尔玫瑰图案例代码如代码 5-23 所示。

代码 5-23 南丁格尔玫瑰图案例

```
var dataList=[];
$.ajax({
    type:"GET",
    url:"getNightingaleData",
    async:false,
    success:function(data) {
        console.log(data);
        dataList=data;
    }
```

```
    });

    var myChart=echarts.init(document.getElementById('main'));

    option={
        //标题组件
        title:{
            text:'南宁市各行政区用电量',
            subtext:'Fake Data',
            left:'center'
        },
        //提示框组件
        tooltip:{
            trigger:'item'
        },
        //图例组件
        legend:{
            orient:'vertical',
            left:'left'
        toolbox:{
            show:true,
            feature:{
                mark:{show:true},
                dataView:{show:true,readOnly:false},
                restore:{show:true},
                saveAsImage:{show:true}
            }
        },
        series:[
            {
                name:'Nightingale Chart',
                type:'pie',
                radius:[50,250],
                center:['50%','50%'],
                roseType:'area',
                itemStyle:{
```

```
                borderRadius:8
            },
            data:dataList
        }
    ]
};

option && myChart.setOption(option);
```

代码运行的结果如图 5-22 所示。

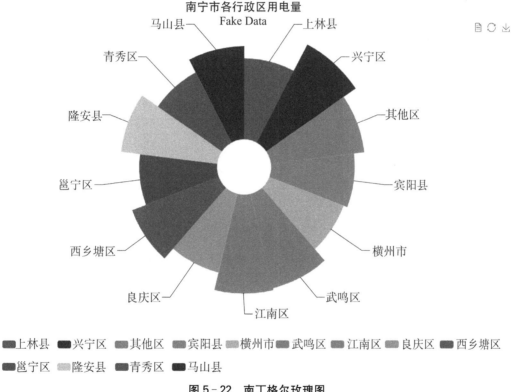

图 5-22 南丁格尔玫瑰图

5.3.9 旭日图

本节主要带领大家认识 ECharts 图表中的旭日图。旭日图(sunburst)由多层的环形图组成,在数据结构上,内圈是外圈的父节点。因此,它既能像饼图一样表现局部和整体的占比,又能像矩形树图一样表现层级关系。

在页面中首先要引入 ECharts 的依赖文件,然后将 ECharts 官方提供的旭日图案例代码复制进来,只需要将数据替换为后台请求获得的数据即可得到旭日图。旭日图案例代码如代码 5-24 所示。

代码 5-24　旭日图案例

```javascript
var dataList=[];
$.ajax({
    type:"GET",
    url:"listProvincePower",
    async:false,
    success:function(data){
        console.log(data);
        dataList=data;
    }
});

//基于准备好的 dom,初始化 echarts 实例
var myChart=echarts.init(document.getElementById('main'));

var option={
    //标题组件
    title:{
        text:'各省工业电力消耗',
        subtext:'Fake Data',
        left:'center'
    },
    //提示框组件
    tooltip:{
        trigger:'item'
    },
    //图例组件
    legend:{
        orient:'vertical',
        left:'left'
    },
    series:{
        type:'sunburst',
        data:dataList,
```

```
            itemStyle:{
                color:'#aaa'
            },
            levels:[{
                //留给数据下钻的节点属性
            },{
                itemStyle:{
                    color:'blue'
                }
            }]
        }
    };
    //使用刚指定的配置项和数据显示图表。
    myChart.setOption(option);
```

代码运行的结果如图 5-23 所示。

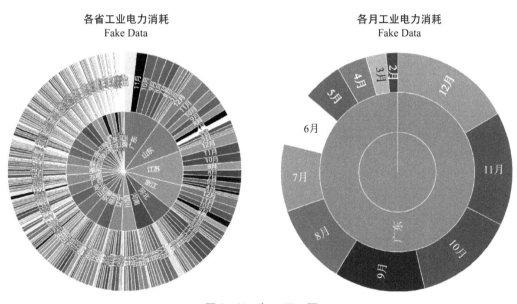

图 5-23 旭 日 图

5.3.10 仪表盘

仪表盘是电力系统提供实时数据分析的大盘。可以在仪表盘查看多个基于查询与分析结果的统计图表。当打开或刷新仪表盘时,统计图表自动执行一次查询与分析操作。

仪表盘(Gauge)也被称为仪表图表或速度表图,用于显示类似于速度计上的读数的数据,是一种拟物化的展示形式。仪表盘是常用的商业智能(BI)类的图表之一,可以轻松展示用户的数据,并能清晰地看出某个指标值所在的范围。为了更直观地查看项目的实际完成率,以及汽车的速度、发动机的转速、油表和水表的现状,需要在 ECharts 中绘制单仪表盘和多仪表盘进行展示。

ECharts 的主要创始者林峰曾经说过,他在一次漫长的拥堵当中,有机会观察和思考仪表盘的问题,突然间意识到仪表盘不仅是在传达数据,而且能传达出一种易于记忆的状态,并且影响人的情绪,这种正面或负面的情绪影响对决策运营有一定的帮助。在仪表盘中,仪表盘的颜色可以用于划分指示值的类别,而刻度标示、指针指示维度、指针角度则可用于表示数值。仪表盘只需分配最小值和最大值,并定义一个颜色范围,指针将显示出关键指标的数据或当前进度。仪表盘可应用于诸如速度、体积、温度、进度、完成率、满意度等。

在 HTML 文件中使用 JavaScript 调用后端接口获取数据,并将数据按照仪表盘的需要组装数据。仪表盘案例代码见代码 5-25。

代码 5-25 仪表盘案例

```javascript
//基于准备好的 dom,初始化 echarts 实例
var myChart = echarts.init(document.getElementById('main'));

//getYbpData

var dataMap = {};
$.ajax({
    type: "GET",
    url: "getYbpData",
    async: false,
    success: function(data) {
        console.log(data);
        dataMap = data;
    }
});
option = {
    //标题组件
    title: {
        text: dataMap["proname"] + '省到' + dataMap["month"] + '月用电量仪表盘',
        subtext: 'Fake Data',
```

```
        left:'center'
},
//提示框组件
tooltip:{
    trigger:'item'
},
//图例组件
legend:{
    orient:'vertical',
    left:'left'
},
series:[
    {
        type:'gauge',
        progress:{
            show:true,
            width:18
        },
        axisLine:{
            lineStyle:{
                width:18
            }
        },
        axisTick:{
            show:false
        },
        splitLine:{
            length:15,
            lineStyle:{
                width:2,
                color:'#999'
            }
        },
        axisLabel:{
            distance:25,
            color:'#999',
```

```
                    fontSize:20
                },
                anchor:{
                    show:true,
                    showAbove:true,
                    size:25,
                    itemStyle:{
                        borderWidth:10
                    }
                },
                title:{
                    show:false
                },
                detail:{
                    valueAnimation:true,
                    fontSize:80,
                    offsetCenter:[0,'70%']
                },
                min:0,
                max:dataMap["avg"],
                data:[
                    {
                        value:dataMap["electricQuantity"]
                    }
                ]
            }
        ]
    };
    option && myChart.setOption(option);
```

代码运行的结果如图5-24所示。

5.3.11 任务回顾

(1) ECharts图表的常用组件,包括标题、提示框、工具栏、图例、时间轴、网格、坐标轴、数据系列、全局字体样式。

(2) 各种图表的渲染过程。

图 5-24 仪 表 盘

任务 5.4　　大屏可视化在电力系统中的应用

在数据时代,我们常常会听到"用数据说话"。但是数据本身只是一个个冷冰冰的数字,没办法很直接地告诉我们哪些数据是有价值的,而通过适当的可视化分析工具来展示和表达数据,能够更直观地向用户传达数据的价值。那么什么是数据可视化? 数据可视化是将烦琐的数据通过可视化的方式,直观简洁地展示结果的一系列手段,即将数据转换为图表等形式。

大屏可视化,顾名思义,是以大屏为载体,直观地呈现数据,以视觉冲击的方式向用户传递数据价值,使他们快速洞悉业务数据。大屏可视化将关键数据绚丽、震撼地呈现在一块巨型屏幕中,给人更好的视觉体验。在应用场景方面,Smartbi 大屏可视化在金融、交通运输、零售贸易、旅游酒店以及 IT 互联网等行业领域得到广泛应用,如实时监控平台、指挥调度中心、风险预警和运营汇报等,如图 5-25 所示。

5.4.1　需求分析

用电量是分析经济状况的重要指标。目前有全国每月的用电量数据,广西工业用电量数据以及广西居民用电量数据。要实时和直观地了解用电数据及其变化,需要通过大屏方式展示用电数据指标。

大屏面向的核心用户是系统客户,其次是内部员工、老板。大屏的页面展示具有数字(TOP 项)化、不可交互、自动刷新、视觉特效强、成就展示;后端大数据统计计算、数据实时计算;前端内容特效定制开发等特点。

大屏可视化资源类型始终为仪表盘,相关功能使用和仪表盘功能使用一致;与仪表盘

图 5-25 大屏可视化应用场景

相比,大屏可视化对外观美化要求更高,能更生动友好地活化数据,同时也能结合丰富的交互功能,让数据开口说话,传达出超乎其本身的信息。

在使用对象上,大屏可视化有助于领导层群体进行信息决策;在布局上,大屏可视化采用自由布局的方式;在功能上,大屏可视化具有仪表盘多排列、组件组合和鹰眼等功能;在应用场景方面,大屏可视化能够对数据进行实时监控。

5.4.2 电力数据可视化大屏案例

1. 用 ECharts 构建可视化大屏的过程

1) 规划整个大屏要展示的内容

大屏的整体规划需要专业 UI 来设计,一般底色为深色背景,将页面划分为若干个区域,在不同的区域展示不同的图表或者数据。

2) ECharts 同时展示多幅图

根据 UI 设计的图稿,我们用 CSS 来实现整体页面布局。目前常用的布局方式为 flex 布局。布局好后,我们将所有的图表放置到相应的区域中,再进行局部调整。

3) 使用 CSS 优化界面

使用 CSS 优化界面需要了解的主要配置:series、xAxis、yAxis、grid、tooltip、title、legend、color 等。

(1) series:系列列表,每个系列通过 type 决定自己的图表类型,图表数据,指定什么类型的图表,可以多个图表重叠。

(2) xAxis:直角坐标系 grid 中的 x 轴。

(3) boundaryGap:坐标轴两边留白策略 true,这时候刻度只是作为分隔线,标签和数据点都会在两个刻度之间的带(band)中间。

(4) yAxis:直角坐标系 grid 中的 y 轴。

(5) grid：直角坐标系内绘图网格。网格配置，可以控制图表大小。

(6) title：标题组件。

(7) tooltip：提示框组件。

(8) legend：图例组件（series 里面有了 name 值则 legend 里面的 data 可以删掉）。

(9) color：调色盘颜色列表。

(10) toolbox：工具箱组件，可以另存为图片等功能。

(11) 数据堆叠：同个类目轴上系列配置相同的 stack 值，后一个系列的值会在前一个系列的值上相加。

以上组件我们在 5.3.1 中已经介绍过，此处不再赘述。

4）使用 Ajax 读取数据

每一个图表的数据都是实时从后台读取过来的，所以需要通过 Ajax 来定时读取，这样可使大屏的数据和后台数据库中的数据保持一致。

2. 大屏中包含的组件

大屏中包含了左侧的本年截至当前的总用电量、南宁鸿基工业园各企业用电量、广西各行政区用电量；中间展示的是全国各地区用电量色彩地图；右侧展示的是南宁市全年用电量及南宁市各行政区用电量以及广西 6 月份的总用电量。

1）本年截至当前的总用电量实现

后台通过 NationwidePowerController 类的/getYbpData 接口获取对应的数据，如代码 5-26 所示。

代码 5-26　后台通过/getYbpData 接口获取对应的数据

```java
@RequestMapping("/getYbpData")
public Map<String,Object> getYbpData(){
    return nationwidePowerService.getYbpData();
}
```

前台通过 jQuery 的 Get 方法请求后台接口，并将数据动态添加到页面，如代码 5-27 所示。

代码 5-27　将数据动态添加到页面

```javascript
$('document').ready(function () {
    $("body").css('visibility','visible');
    $.get("getYbpData",function(data){
        console.log(data);
        $("#allPower").text(data['electricQuantity']+"亿千瓦时")
    })
})
```

2）南宁鸿基工业园各企业用电量的实现

后台调用 IndustrialPowerController 类的/getIndustrialPark 接口获取数据，如代码 5-28 所示。

代码 5-28　后台调用/getIndustrialPark 接口获取数据

```
@RequestMapping("/getIndustrialPark")
public List<Map<String,Object>> getIndustrialPark(){
    return industrialPowerService.getIndustrialPark();
}
```

前台通过 ECharts 的饼图实现，如代码 5-29 所示。

代码 5-29　前台通过 ECharts 的饼图实现

```
function chart1() {
    var dataList=[];
    $.ajax({
        type:"GET",
        url:"getIndustrialPark",
        async:false,
        success:function(data) {
            console.log(data);
            dataList=data;
        }
    });
    var myChart=echarts.init(document.getElementById('pie'));
    option={
        tooltip:{
            trigger:'item',
            textStyle:{
                color:'#fff',
            },
        },
        series:[
            {
                name:'用电量',
                type:'pie',
                data:dataList,
```

```
            radius:['40%','70%'],
            avoidLabelOverlap:false,
            itemStyle:{
                borderRadius:10,
                borderColor:'#fff',
                borderWidth:2
            },
            emphasis:{
                itemStyle:{
                    shadowBlur:10,
                    shadowOffsetX:0,
                    shadowColor:'rgba(0,0,0,0.5)'
                }
            }
        }
    ]
    };
    option && myChart.setOption(option);
}
chart1()
```

3) 广西各行政区用电量

后台通过 NationwidePowerController 类的 /getYbpData 接口获取对应的数据,如代码 5-30 所示。

代码 5-30 后台通过 /getYbpData 接口获取对应的数据

```
@RequestMapping("/getGuangXiResident")
public Map<String,List<Object>> getGuangXiResident(Integer month){
    return residentPowerService.getGuangXiResident(month);
}
```

前台通过 ECharts 的面积图实现,如代码 5-31 所示。

代码 5-31 前台通过 ECharts 的面积图实现

```
function chart2(chartType) {
    var keyarr=[];
    var valarr=[];
```

```javascript
$.ajax({
    type:"GET",
    url:"getGuangXiResident?month=9",
    async:false,
    success:function(data) {
        var dataList=data;
        keyarr=dataList['name'];
        valarr=dataList['val'];
    }
});

var myChart=echarts.init(document.getElementById('gdMap'));
option={
    tooltip:{
        trigger:'item'
    },
    legend:{
        orient:'vertical',
        left:'left'
    },
    color:['#5470c6'],
    xAxis:{
        type:'category',
        boundaryGap:false,
        data:keyarr,
        axisLabel:{
            color:'#fff'//文本颜色
        },
    },
    yAxis:{
        type:'value',
        axisLabel:{
            color:'#fff'//文本颜色
        },
    },
    series:[
```

```
            {
                label:{
                    normal:{
                        show:true,
                        fontSize:'10',
                        color:'#fff'
                        //color:'rgba(0,0,0,0.7)'
                    }
                },
                itemStyle:{
                    borderRadius:10,
                    borderColor:'#fff',
                    borderWidth:2
                },
                data:valarr,
                type:'line',
                areaStyle:{}
            }
        ]
    };
    option && myChart.setOption(option);
}
chart2();
```

4) 全国各地区用电量色彩地图

后台通过 NationwidePowerController 类的/electricQuantity 接口获取对应的数据，如代码 5‑32 所示。

代码 5‑32　后台通过/electricQuantity 接口获取对应的数据

```
@RequestMapping("/electricQuantity")
public List<Map<String,Object>> electricQuantity(Integer month){
    return nationwidePowerService.electricQuantity(month);
}
```

前台通过 ECharts 的色彩地图实现，如代码 5‑33 所示。

代码 5‑33 前台通过 ECharts 的色彩地图实现

```
function chart66() {
    var dataList=null;
    var tmonth=6;
    jQuery.ajax({
        type:"GET",
        url:"electricQuantity?month="+tmonth,
        async:false,
        success:function(data) {
            console.log(data);
            dataList=data;
        }
    });
    var myChart=echarts.init(document.getElementById('chart4'));
    function randomValue() {
        return Math.round(Math.random()*1000);
    }
    option={
        //标题组件
        title:{
            text:'全国'+tmonth+'月的电力消耗数据地图分布图',
            subtext:'Fake Data',
            left:'center',
            textStyle:{
                color:'#fff',
            },
        },
        //图例组件
        legend:{
            orient:'vertical',
            left:'left',
        },
        tooltip:{
            formatter:function(params,ticket,callback){
                return params.seriesName+'<br />'+params.name+':'+params.value
```

```
        }//数据格式化
    },
    visualMap:{
        min:0,
        max:1500,
        left:'left',
        top:'bottom',
        text:['高','低'],//取值范围的文字
        inRange:{
            color:['lightskyblue','yellow','orangered']//取值范围的颜色
        },
        show:true //图注
    },
    geo:{
        map:'china',
        roam:false,//不开启缩放和平移
        zoom:1,//视角缩放比例
        label:{
            normal:{
                show:true,
                fontSize:'10',
                color:'#E6E6FA'
                //color:'rgba(0,0,0,0.7)'
            }
        },
        itemStyle:{
            normal:{
                borderColor:'rgba(0,0,0,0.2)'
            },
            emphasis:{
                areaColor:'#F3B329',//鼠标选择区域颜色
                shadowOffsetX:0,
                shadowOffsetY:0,
                shadowBlur:20,
                borderWidth:0,
                shadowColor:'rgba(0,0,0,0.5)'
```

```
                    }
                }
            },
            series:[
                {
                    name:'信息量',
                    type:'map',
                    geoIndex:0,
                    data:dataList,
                    itemStyle:{
                        borderRadius:10,
                        borderColor:'#E6E6FA',
                        borderWidth:2
                    },
                }
            ]
};
myChart.setOption(option);
myChart.on('click',function (params) {
    //alert(params.name);
});
var dataList2=null
jQuery(function(){
    jQuery("#month").change(function(){
        var month=jQuery("#month").val();
        jQuery.ajax({
            type:"GET",
            url:"electricQuantity?month="+month,
            async:false,
            success:function(data) {
                console.log(data);
                dataList2=data;
            }
        });
        myChart.setOption({
            //标题组件
```

```
                title:{
                    text:'全国'+month+'月的电力消耗数据地图分布图',
                    subtext:'Fake Data',
                    left:'center'
                },
                series:[
                    {
                        name:'用电量',
                        type:'map',
                        geoIndex:0,
                        data:dataList2
                    }
                ]
            });
            //myChart.setOption(option,true)
        })
    })
}
chart66()
```

5）南宁市全年用电量

后台通过 ResidentPowerController 类的/getTimeLineData 接口获取对应的数据，如代码 5-34 所示。

代码 5-34　后台通过/getTimeLineData 接口获取对应的数据

```
@RequestMapping("/getTimeLineData")
public Map<String,Object> getTimeLineData(){
    return residentPowerService.getTimeLineData();
}
```

前台通过 ECharts 的柱状图实现，如代码 5-35 所示。

代码 5-35　前台通过 ECharts 的柱状图实现

```
function chart3(type,chartType){
    var dataList=null;
    $.ajax({
        type:"GET",
```

```
            url:"getTimeLineData",
            async:false,
            success:function(data){
                console.log(data);
                dataList=data;
            }
});

var myChart=echarts.init(document.getElementById('chart3'));

//指定图表的配置项和数据
var option={
    //标题组件
    baseOption:{
        //图例组件
        legend:{
            orient:'vertical',
            left:'left',
            textStyle:{
                color:'#fff',
            },
        },
        timeline:{
            axisType:'category',
            autoPlay:true,
            data:dataList['districts']
        },
        grid:{},
        color:['#5470c6'],
        xAxis:[
            {
                axisLabel:{
                    color:'#fff'//文本颜色
                },
                'type':'category',
                'data':['1月','2月','3月','4月','5月','6月','7月','8月','9月',
```

```
                        '10月','11月','12月']
                    }
                ],
                yAxis:[
                    {
                        type:'value',
                        axisLabel:{
                            color:'#fff'//文本颜色
                        },
                    }
                ],
                series:[
                    {//系列一的一些其他配置
                        type:'bar'
                    }
                ]
            },
            options:dataList['timeLineModels']
        };

        option && myChart.setOption(option);
    }

    chart3(1,'')
```

6）南宁市各县区用电量

后台通过 ResidentPowerController 类的/getNightingaleData 接口获取对应的数据，如代码 5-36 所示。

代码 5-36　后台通过/getNightingaleData 接口获取对应的数据

```
@RequestMapping("/getNightingaleData")
public List<Map<String,Object>> getNightingaleData(){
    return residentPowerService.getNightingaleData();
}
```

前台通过 ECharts 的饼图实现，如代码 5-37 所示。

代码 5-37　前台通过 ECharts 的饼图实现

```javascript
function chart44() {
    var dataList=[];
    $.ajax({
        type: "GET",
        url: "getNightingaleData",
        async: false,
        success: function(data) {
            console.log(data);
            dataList=data;
        }
    });

    var myChart=echarts.init(document.getElementById('chart44'));
    option={
        series:[
            {
                name:'Nightingale Chart',
                type:'pie',
                radius:[40,80],
                center:['50%','50%'],
                roseType:'area',
                itemStyle:{
                    borderRadius:8
                },
                data:dataList
            }
        ]
    };

    option && myChart.setOption(option);
}

chart44()
```

7) 广西 6 月份的总用电量

后台通过 NationwidePowerController 类的/getYbpData 接口获取对应的数据，如代码 5-38 所示。

代码 5-38　后台通过/getYbpData 接口获取对应的数据

```java
@RequestMapping("/getYbpData")
public Map<String,Object> getYbpData(){
    return nationwidePowerService.getYbpData();
}
```

前台通过 ECharts 的仪表盘实现，如代码 5-39 所示。

代码 5-39　前台通过 ECharts 的仪表盘实现

```javascript
function chart55() {
    //基于准备好的 dom, 初始化 echarts 实例
    var myChart=echarts.init(document.getElementById('chart55'));

    //getYbpData

    var dataMap={};
    $.ajax({
        type:"GET",
        url:"getYbpData",
        async:false,
        success:function(data) {
            console.log(data);
            dataMap=data;
        }
    });

    option={
        series:[
            {
                type:'gauge',
                progress:{
                    show:true,
                    width:18
```

```
            },
            axisLine:{
                lineStyle:{
                    width:18
                }
            },
            axisTick:{
                show:false
            },
            splitLine:{
                length:15,
                lineStyle:{
                    width:2,
                    color:'#999'
                }
            },
            axisLabel:{
                distance:25,
                color:'#999',
                fontSize:9
            },
            anchor:{
                show:true,
                showAbove:true,
                size:25,
                itemStyle:{
                    borderWidth:10
                }
            },
            title:{
                show:false
            },
            detail:{
                valueAnimation:true,
                fontSize:30,
                offsetCenter:[0,'70%']
```

```
                },
                min:0,
                max:dataMap["avg"],
                data:[
                    {
                        value:dataMap["electricQuantity"]
                    }
                ]
            }
        ]
    };
    option && myChart.setOption(option);
}
chart55()
```

3. 总结

可视化大屏是数据的一个最终展示形式。数据经过了应用层的手机到大数据层的存储和计算再到可视化层的图形化展现。

用户在应用层的操作最终以日志的形式记录下来。大数据层则需要将数据提取并保存至数据仓库。在数据仓库中的数据包含了所有形式的数据。有些数据需要实时查询等操作，我们将其经过清洗和转换处理后添加至 HBase 列式数据库中，电力数据就存储在 HBase 中。HBase 中的数据理论上已经可以满足应用层的秒级甚至是毫秒级的操作，也就是说可视化的数据也可以直接来自 HBase，但是这需要比较多的硬件资源的支撑。本书中为了更方便地展示数据，将计算后的结果放在了 MySQL 中，这也是一种常用的解决方案，所以图表及大屏展示的数据来自 MySQL。

5.4.3 任务回顾

（1）电力数据可视化大屏案例的需求分析。
（2）用 ECharts 构建可视化大屏的过程可分为 4 个步骤。
（3）大屏中包含的各个组件的实现。

综合练习

1. 单选题：以下哪个属性是设置标题？（ ）
   A. subtext   B. title   C. legend   D. toolbox
2. 单选题：旭日图的类别属性值是？（ ）
   A. pie   B. line   C. scatter   D. sunburst
3. 多选题：哪些图表是用来表现多个维度的数据？（ ）
   A. 旭日图   B. 散点图   C. 气泡图   D. 雷达图

4. 多选题：ECharts 有哪些特性？（　　）
   A. 丰富的可视化类型　　　　B. 多种数据格式
   C. 移动端优化　　　　　　　D. 无障碍访问
5. 简答题：ECharts 支持哪些图表？

参 考 文 献

[1] 怀特.T. Hadoop权威指南:大数据的存储与分析[M].4版.北京:清华大学出版社,2017.
[2] 杨力.大数据Hive离线计算开发实战[M].北京:人民邮电出版社,2020.
[3] 李航.统计学习方法[M].北京:清华大学出版社,2012.
[4] 王大伟.ECharts数据可视化:入门、实践与进阶[M].北京:机械工业出版社,2020.
[5] 范路桥,张良均.Web数据可视化(ECharts版)[M].北京:人民邮电出版社,2021.